JN083121

電動化戦争
迎え撃つトヨタ
世界気候変動とクルマ電動化の未来

奥田 富佐二
OKUDA Fusaji

文芸社

まえがき

　昨年暮れ、「米国テスラ社の資産時価総額がトヨタ自動車の2.5倍を突破！」というセンセーショナルな報道が世界を駆け巡った。

　そして今年4月23日にホンダが「脱エンジン宣言」し、2040年までにHVも含むすべての内燃エンジン車をなくし、EVとFCVのみにするというびっくり仰天の発表をした。「F1、CVCCエンジンで世界に名を馳せたあのホンダがなぜ」と信じられない思いでいたのも束の間、翌5月には朝日新聞が「次世代の車、ソニーも注力」といった見出しで、ソニーが自動運転技術でEV参入をもくろんでいると報じた。Vision-Sと名付けた自動運転EV試作車で欧州域内の公道走行実験を行ってきたが、近々日本でも実用化に向けた取り組みを始める計画のようだ。

　これらの動きは地球温暖化防止のための自動車電動化の潮流が一段と加速していることを如実に物語るニュースである。

　気候変動問題、すなわち地球温暖化防止のためのCO_2削減（脱炭素）の切り札として、テスラのみならず世界中の自動車メーカーが今、血眼になって電動車、とりわけEVの開発競争にしのぎを削っている。

　一口に電動車といっても種類は色々あるが、大きく分類すれば現時点では、バッテリーでモーターを駆動して走る電気自動車BEV：Battery Electric Vehicleと、内燃エンジンと電気モーターを併載したトヨタ「プリウス」に代表されるハイブリッド車HV：Hybrid Vehicleの2種類に大きく分類さ

れる。昨今頻繁に新聞、テレビ、ネット等メディアに登場するEVというのはBEVを指しているので、以降は単にEVと呼ぶことにする。

　もちろんトヨタ「ミライ」のように、水素を燃料にして発電した電気で直接モーターを駆動しながら走る次世代EVであるFCV：Fuel Cell Vehicleもあるが、これはBEVとはまったく別物。

　先述のテスラは2003年に設立された。2006年にEV高級スポーツカー「ロードスター」を発表し、２年後には販売が始まった。

　当初の価格は98,000ドル（約1,000万円）と高価であったが、ポルシェ911に匹敵する動力性能が評判になり限定生産650台は瞬く間に完売、世界に「EVのテスラ」の名を知らしめることになった。

　その後、2012年にはセダンタイプのフラッグシップ「モデルS」を発表しカリフォルニアのNUMMI（TOYOTAとGM〈ゼネラルモータース〉の合弁会社）工場跡地で本格的に量産を始めた。

　更にテスラは世界の脱炭素化の流れに乗って廉価な普及型モデルの開発にも力を入れはじめ、廉価版量産EV「モデル３」（2016年発売）、「モデルY」（2019年発売）が大ヒットし2020年には初めて年産50万台を超え、世界一のEVメーカーに成長した。

　そして折しも昨今の米国株高騰の波に乗ってテスラの株価は2020年１年間だけで約８倍に跳ね上がり、時価総額ではトヨタを一気に抜き去ってしまった。

　テスラを米国IT大手GAFA（Google、Amazon、Facebook、Apple）に並ぶハイテク企業に成長させたイーロン・マスクCEOは、宇宙開発企業スペースXの創始者でもある。ときにはビッグマウスと揶揄される向きもあるが、2020年12月に続き2021年５月にも日本人飛行士らを乗せた同社開発ロケット「クルードラゴン」を国際宇宙ステーションへ打ち上げるなど、今や世界中で知らない人はないほどの有名人となった。

　世界の自動車EV化の流れをこの先どの方向に導こうとしているのか、この新進気鋭実業家のお手並みを拝見したいものだ。

　一方HVプリウス擁するトヨタは、コロナ禍で自動車業界も苦戦を強いられる中、2020年のグループ年間販売台数952万台でドイツのフォルクスワーゲン（VW）グループを抑えて５年ぶりに世界一に返り咲いた。

　振り返れば23年前の1997年、同社が世界に先駆け量産を開始した電動車の先駆けHVプリウスが瞬く間に超低燃費エコカーとして認知され、アメリカでも当時大きな注目を集めた。

　そしてその約10年後の2007年に起こった第３次石油ショックともいわれる原油価格の高騰でアメリカの燃料価格が暴騰した折には、この桁違いの低燃費車プリウスが改めて脚光を浴びることになる。

　そのころになるとアメリカでは、日ごろはキャデラック、週末には大型SUVを駆ってアウトドア。パーティ等で人が集まるときには質素で控えめな省燃費車プリウスで現れるインテリジェント富裕層たちが多く現れたと聞く。映画「タイ

5

タニック」で一躍名を馳せたハリウッドスターのレオナル
ド・ディカプリオもその一人だが、2007年度アカデミー賞主
演男優賞にノミネートされた彼が会場にプリウスを横付けし、
レッドカーペットを歩いたのは有名な話だ。もちろんこれは
米国の環境保護団体がアカデミー賞授賞式会場で低公害車の
利用を呼び掛けたキャンペーンの一つのプロパガンダだった
のだが、彼自身も環境保護には日ごろから深い関心を寄せて
いて、環境保護団体の意向に賛同して行ったパフォーマンス
だったと聞いている。

　世界初の HV プリウスは自動車王国アメリカでもその驚異
的な低燃費に驚嘆とある種敬意をもって受け容れられていた
ことを物語るエピソードだ。

　さて、話は前後するが、2010年トヨタはテスラ黎明期に資
金繰りに行き詰まって困っていたイーロン・マスク氏に資金
援助の手を差し伸べ倒産の危機を救ったことがある。

　トヨタは当時 GM との合弁会社 NUMMI のカリフォルニ
アフリーモント工場が合弁解消で遊休閉鎖したため、ここを
テスラ EV 生産用に提供した。豊田章男社長とイーロン・マ
スク社長が EV 車生産に関する資本、業務提携を発表してい
る。

　当時アメリカで NUMMI 閉鎖のための雇用問題とレクサ
ス暴走死亡事故でリコール問題を抱えていたトヨタがまだ駆
け出しの新参 EV ベンチャー企業にテコ入れすることで失地
回復を計る狙いもあったのかもしれないが。

　結果的にテスラはここで EV 本格生産の足掛かりをつかみ
高級スポーツフラッグシップ車モデルSを皮切りに順調に

生産を拡大していくことになった。

　一方でトヨタとテスラはその後、車の開発方針、生産方式、サプライチェーン等でうまく噛み合わない点が目立ち始め提携関係は次第に疎遠になっていった。

　そんな中、両社間に決定的な亀裂が入る事件が起こる。EV量産が本格化し時流に乗ったイーロン・マスク氏がツイッターでトヨタが満を持して発表した次世代水素燃料電池車FCV：**Fuel** Cell Vehicle を 何 と「馬 鹿 の 車」"**Fool** Cell Vehicle" と愚弄し「水素社会など絶対に来ない！」とこき下ろしたという。

　これはテスラが次世代車と標榜してきたバッテリー充電式EVにとってトヨタが発表したFCVがこの先最も大きな脅威となる「**真の次世代車**」であることを誰よりも早く察知したイーロン・マスクが投げた牽制球だったのだが。

　恩を仇で返され激怒したトヨタは、テスラ救済時結んだ資本関係も2016年に完全に清算している。

　皮肉なもので、そのわずか4年後、世界一のトヨタのわずか20分の1にも満たない生産数量のテスラが、時価総額でトヨタを2.5倍上回ってしまった。

　もちろん、ほとんどの投資家はこのテスラという会社に投資をして「地球温暖化防止」を後押ししようなどという高尚な考えがあるわけではなく、米国内株価高騰下でのマネーゲーム、すなわち金儲けだけが目的。そもそも最近、特に米国IT関連企業でもてはやされている時価総額などという指標は発行株数に株価を掛け合わせただけの数値で、企業の財務体質とは無縁であり、会社経営が健全かどうかとはまったく

関係のない指標なのだ。現に2019年度のトヨタの純利益は2兆円超なのに対し、テスラは150億円の赤字、それどころか創業以来一度も本業では黒字を計上できておらず累積損失は6,000億円に達するといわれていた。テスラはかろうじてクレジットと呼ばれる温暖化ガスの排出枠を他社自動車メーカーに販売して収益を補填して食いつないでいるのが実情だったのだ。ただ昨年2020年は新たに投入した小型廉価版「モデル3」、「モデルY」が好調に推移したため、創業来初めて純利益が黒字（約700億円）になった。そのため一気に投資家が群がり1年間で株価が実に約8倍も跳ね上がったのだ。

　年央には高騰した株を分割して単価を下げ投資家を更に増やすなど、テスラも米シリコンバレーIT大手と同様の手口で時価総額を増やしている。これを原資に、研究開発費及び主力の中国上海に展開するバッテリーギガファクトリー等への巨額の投資を行っている。高騰を続ける株価のおかげで今は潤沢に資金調達ができるというわけだ。

　このテスラへの米国民の高揚感というか期待感には、長年世界一の自動車大国であった米国がトヨタをはじめとする日本勢に奪われた主導権を再び取り戻したいという、米国民の一種のナショナリズムのようなものも作用しているのかもしれない。

　ただ所詮高騰した株価頼りの資金繰りは、一旦歯車が噛み合わなくなれば、あっという間に奈落の底という危うさもありテスラがこの先も順風満帆に成長できるかは未知数だ。

　現に今テスラの小型廉価版量産EVは多くを中国上海で生産しているが、米中関係の冷え込みもあり今年の上海工場拡

張計画を凍結せざるを得なくなっているようだ。

　更に自動車はひとたび市場でPL法に抵触するような大きなリコール問題を起こせば、数百、数千億円単位の損失が出る厳しい世界である。現につい最近、2021年4月20日米国南部テキサス州で自動運転中のテスラモデルSが高速走行中、木に激突して炎上し2名が死亡するという痛ましいというか悼（おぞま）しい事故が発生している。

　これまでにもテスラには自動運転中に起こしたとみられる係争中の事故が20件超ある。まだ所詮自動運転「レベル2」のテスラ車を過信（というか勘違い）したドライバーが起こした悲惨な事故でありドライバー自身の責任もあるが、メーカー側にも過失責任が問われるべきものではないかと考える。少なくとも日本では、このような重大事故が同じ車種で何度も起こればメーカー側にも何がしかの過失責任は免れないと思うが、契約社会の米国では根本的に考え方が違うようだ。テスラはこの事故について一切責任を認めようとせず、あくまでもドライバー側の責任と言い張っている。脇見運転、居眠り運転、信号無視と同列のものだといいたいのだろう。

　しかし、ひとたびこれがもしメーカー側にも過失責任ありとなれば巨額の損害賠償金が課せられるだけでなく、テスラ車の安全性、信頼性が大きく損なわれ株価は大暴落し、会社は破綻しかねない。

　まだ年産50万台程度の弱小自動車メーカーにすぎないテスラがいつトヨタに再び頭を下げなければならない時がやってくるか分からない。

　とはいえテスラの快進撃を目の当たりにした米国の自動車

本家GMもつい先日、EVへの本格参入を発表、2035年までにすべてを電動車に切り替えると発表している。

　そしてもはや世界一の自動車市場となった中国も、今は国を挙げてEV化を推進しており、すでにテスラを脅かすほどの力を持った新興メーカーも多く登場している。上位3社は上海蔚来汽車（NIO）、理想汽車（Li Auto）、小鵬汽車（Xpeng）で、現在中国国産EVの70～80％を生産している。その他中国EVメーカーは大小合わせて50社以上にのぼる。

　例えば中国のテスラと呼ばれる上海蔚来汽車（NIO）のEVはすでに外観スタイル、性能、価格等いずれも本家テスラに勝るとも劣らない車に仕上がっている。NIOは来年全個体電池を搭載した航続距離800kmを超える高級車を発売予定とのこと。真偽のほどはまだよく分からないが、もし本当なら上海に大規模なバッテリーギガファクトリーを展開するテスラもうかうかしておれない。

　日本も遅まきながら菅政権になって昨年10月、ようやく世界に脱炭素化宣言を行い2035年までに内燃エンジンのみの乗用車の生産販売を禁じ、2050年に炭素フリーの社会を目指すと宣言した。

　前述の通り電動車には当然トヨタが先鞭をつけたエンジンとモーター併載のHVも含まれるべきものだが、現時点では日本を除くほとんどの国はEVのみを地球温暖化防止環境対策車（低炭素エコカー）としている。つまり、米国はじめ欧州ではHVを低炭素エコカーと認めていないのだ。中国も、現時点では特例的にHVを期限付きで容認してはいるが、最終的にはEVに一本化されるだろう。

中国には HV のようなエンジン、モーター併載の複雑なシステムを自前で開発、生産できる高度な技術を有する会社はなく、もし HV を展開しようとすれば外資に頼らざるを得ないため、HV を避け Made in China が可能な、シンプルな構造の EV を選択するしかないという事情もあるのだろう。中国の習近平指導部が掲げる産業政策「中国強国2025」に省エネ、新エネ自動車がリストアップされており、中国が国を挙げて今後強化していく分野と位置付けている。

実は日本政府も本音は EV 一本に絞りたいところだが、今はトヨタをはじめとするすそ野の広い自動車関連企業への配慮もあり、HV を電動車として扱っている。

このように現在の世界の自動車電動化は「地球温暖化防止」という旗印の下すべて EV に向かっているように見える。

自動車生産世界一トヨタはこの先、EV 化の奔流の中でどのようなかじ取りをして主導権を握り業界首位の座を守っていくのか。

今年6年ぶりにフルモデルチェンジを発表した新型水素 FCV「ミライ」、2人乗り超小型 EV「シーポッド」そして静岡県富士の裾野の未来都市「ウーブンシティ」。これらの中に今後のトヨタの目指す方向性が示されているような気がする。

本書では地球温暖化防止のための車電動化（EV 化）がもたらす数々の問題点、課題を取り上げ、真の次世代環境対策車への道筋を明らかにする。

EV 化を推し進める欧米諸国と自動車メーカーの動きの背

景にあるものは何か？　EV は本当に CO_2 を削減する環境対策車たりうるのか？　具体的に数値を含め検証してみたい。

2021年7月　奥田富佐二

１．世界の自動車電動化の現状

EV はまだ世界全体乗用車のわずか２％

　今、自動車が排出する CO_2 を減らすため世界中で電動化が急速に進んでいることは「まえがき」でご紹介した通り。

　メディアは今年になって連日のように「脱炭素と自動車のEV 化」といった情報を頻繁に取り上げ報道している。その中身はあたかも EV 化こそが地球温暖化防止の最も効果的な処方箋であるかのような論調が多い。

　特に米国テスラ、シリコンバレーIT 大手、中国の新興EV メーカー等に加えて最近は日本でも「ホンダが内燃エンジンから撤退」とか「ソニーが自動運転で EV に参入」とかいう驚きのニュースもあり少々過熱気味のような気もする。

　ただその中で私が最も気になっているのはプリウスに代表される日本の低燃費 HV が、なぜか欧米諸国では温暖化防止の環境対策電動車に含まれていない点だ。

　そこで2021年現在、世界の車の電動化はどこまで進んでいるのかという現状認識からまず行うことにした。

　現時点の世界の**車の電動化比率**と日本国内の電動車**販売状況**を並べて2019年の内燃エンジン車（ガソリン、ディーゼルエンジンのみ）と、電動車である HV、EV、FCV の数量を次頁にまとめたのでご覧いただきたい。

2019年世界＆日本　乗用車生産台数

		世界総生産		日本国内販売	
		台数（万台）	比率	台数（万台）	比率
ICE	ガソリン	8498	92.6%	337	67%
	水素	0		0	
HV	HV	429	4.7%	147	30%
	PHV	57	0.6%	17	3%
	小計	486	5.3%	164	33%
EV	BEV	195	2.1%	2	0.4%
	FCV	0		0.06	
合計		9179	100%	503	100%

＊世界総生産に占める電動車比率は7％（HV5.3％、EV2.1％）と思ったより低い
＊日本国内販売では電動車比率33％と突出しているがほとんどHV（EVは0.4％）。
日本のHV車が世界に比べていかに多く浸透しているかが読み取れる

　この表からいえることは、

①世界の電動車生産比率は思ったより低く7.4％の普及に留まっている。内訳はHVが5.3％、EVが2.1％。したがってまだ大部分の約93％はICE（Internal Combustion Engine）いわゆるガソリン、ディーゼルエンジン車だということになる。

②一方、日本での販売はすでに33％が電動車であり、他国に比べて電動化、とりわけHV化が大きく進んでいる（EVは僅少）。

　結論として、世界全体で見ればEVは全体のわずか2％にすぎず、EV化はまだ緒に就いたばかりということになる。

　ではなぜ今性急にEV化が叫ばれるようになったのか。そのルーツは皆さんよくご存じのCOPと呼ばれる国連気候変動枠組条約締約国会議である。1995年に第1回目（COP1）がドイツで行われ、日本でもCOP3が京都で行われている。

　そして有名な2015年にパリで開かれたCOP21、いわゆる

「パリ協定」で決議された自動車排出 CO_2 削減目標は、すべての車の燃費をほぼ２倍に伸ばさなければ達成できない厳しいものであった。しかし、これを遅くとも**2030年**までに完了しなければならなくなったのだ。

　日本の場合は燃費低減効率の高い HV を全車に展開すればほぼクリアできるレベルだが、欧米では事情がまったく違う。

　欧米の自動車メーカーの HV（低電圧48V 系マイルドシステム＊詳細後述）では燃費低減効果が10～20% と少なくパリ協定目標達成は困難なため、彼らはほとんどを EV 化するしか選択肢がなかったのだ。

　プリウスに代表される日本の HV（高電圧ストロングシステム）は通常同クラスエンジン車の２倍近くの燃費性能を発揮する優れもので、今世界中でトヨタの HV 車に勝る低燃費車は他にはない。ホンダ、日産も最近ようやく比肩できるレベルの HV を出してはいるが、製造コスト、生産キャパいずれをとってもまだトヨタには遠く及ばない。それどころか、冒頭述べた通りホンダは早々に戦線離脱し欧米同様 EV 宣言をしているほどだ。

　そんな中、欧米メーカー勢はプライドに賭けても日本のトヨタの軍門には下るわけにはいかず、何がなんでも電動化の主導権を握るために「EV が唯一無二の ZEV（ゼロエミッション車）」だと主張して意図的に日本（トヨタ）の HV を締め出そうとしているのだ。

　さてここで電動車について読者がより理解を深めることができるように少し専門的に説明しておきたい。

　冒頭、「まえがき」の中で電動車は HV と EV の２種類に

大別されるといったが、もう少し細かに分類すると下表の通りとなる

電動システム			メーカー	代表車名	システム名	Notes
HV	低電圧マイルドHV	12～36V	スズキ	ワゴンR FZ		従来エンジン車に小出力のHVモーターで10%前後の燃費改善効果しかない。おまけのようなもの。
			日産	セレナ		
			マツダ	デミオ		
		48V	ベンツ	E350,S400		12Vタイプに比べやや燃費改善効果は多いがせいぜい15～20%が限界。
			アウディ	A6,A8		
	高電圧ストロングHV	スプリット	トヨタ	プリウス	THSⅡ	600V以上の高電圧システムでモーター単独走行もでき燃費は同サイズガソリン車の2倍以上を発揮する。日本とりわけトヨタしか本格量産ができないほど複雑なシステム。
			レクサス	ES,LS,RS	THSⅡ	
		パラレル	ホンダ	レジェンド	SH-4WD	
			フィット		i-DCD	
			スバル	XV		
		シリーズ	日産	ノート	e-POWER	
	プラグインHV		トヨタ	プリウスPHV		HVとEV両機能を備えており一見よさそうに見えるが高価で燃費はHVより悪い。中途半端で実用性には疑問あり。
			三菱	アウトランダー		
			ベンツ	S550、C350		
			BMW	330e,530e		
			VW	ゴルフGTE		
EV	BEV		日産	リーフ		ストロングHVが量産できないメーカーがパリ協定CO2削減目標達成のため生産を急拡大。バッテリー問題で今後順調に伸びていくかどうかは未知数。
			三菱	i-Mev		
			テスラ	ModelS,X		
			BMW	i3		
			VW	e-GOLF		
			NIO(中国)			
	FCV		トヨタ	ミライ		次世代自動車として注目されているが水素インフラが一番の難題。現在量産はこの3社のみ。
			ホンダ	クラリティ		
			現代	ネッソ		

　まずは HV。表に示されているように低電圧マイルドシステムと高電圧ストロングシステム、そしてプラグインハイブリッド（PHV）の３つに分けられるが、それぞれまた更に自動車メーカーごとに方式が異なっており、説明がより専門的で分かりにくくなるためここでは詳細は割愛する。

　HV の場合、ストロングシステム HV 以外は燃費改善効果

は少なく最大でも20％が限度であり、とてもこれだけでは
パリ協定コミットメントを達成することはできない。

　PHVはHVとEV両方の機能を備えた理想の車という見
方をする向きもあるが、実はそれはまったくの勘違い。価格
は当然割高になる上、燃費はHVより悪いので、日本では
PHVの売れ行きは芳しくない。メーカー各社には恐縮だが
PHVは中途半端、虻蜂取らずの商品といわざるを得ない。
もちろん限られた用途で重宝に利用されている方々もいらっ
しゃるのでこれはあくまでも私の私見と解釈願いたい。

　例えばトヨタプリウスにはPHVもラインナップしている
が両車の重量は標準プリウスが1350kgでPHVが1550kgと
200kgもの差があり、その分は確実に燃費が悪くなる。重量
差から単純計算して約15％は燃費が悪化するはずだ。カタロ
グ燃費（WLTCモード）は標準プリウス32.1km／L、
PHV30.3km／Lと僅差だが、これは燃費測定がシャーシダ
イナモ上の短時間の実走シミュレーション結果の数値であり、
実走行燃費とは一致しないことがその理由だ。当然実際には
もっと大きな差が出るので、PHVは日本ではあまり人気が
なく、売れ行きは標準HVの10分の1以下に甘んじているの
が現状だ。

　逆に欧州ではVW、メルセデス・ベンツ、BMWなどが
PHVを積極的に販売しており2020年では50万台（全体の5
％）前後を売り上げている。ガソリン価格が高い欧州ではマ
イルドHVでは燃費改善効果は少なく、自宅充電可能な
PHVを投入することでEV並みの燃費を確保しようとする
需要家が少なからずいると思われる。

欧州の2020年の電動車比率を改めて整理すると、ガソリン車48%、ディーゼル車28%、HV 12%、PHV 5%、EV 5% といった具合だ。

　日本に比べPHV、EV が突出している反面、HV が少ないのが特徴で、上述説明「マイルド HV の燃費性能が低いためそれを補うように PHV、EV 化が進んでいる」ことを裏付けている結果であろう。

　日本の場合はほぼ真逆で、ストロング HV の燃費性能が群を抜いて高く、PHV とりわけ EV 化は必要なくほとんど進んでいない。

　次に EV について説明する。

　EV 自体は各社ともシステム構成はほぼ同じで差別化はあまり意味がない。ポイントは電動アクスル（「e-Axle」と呼ばれる心臓部のパワートレインモジュールで、駆動モーター、減速機、インバーターを一体化したもの）で、メーカー毎に独自色を出したモジュールを使用している。

EV の心臓部 e-Axle 参考画像

　現在 EV トップメーカーのテスラはもちろん、日産、米 GM もすでに自社で量産、他には、例えばトヨタは、デンソー・アイシンの合弁会社 BlueE Nexus（ブルーイーネクサス）に任せ、他欧州メーカーはメガサプライヤーBosch、Vitesco、ZF 等に生産を任せている会社が多い。

　一方、世界一の自動車市場中国では現在国を挙げて EV 化を推進しているが、電動アクスル汎用モジュール化は心臓部のパワーユニット e-Axle の自力開発能力のない中国にとっては願ってもない流れだ。急拡大する EV 生産に対応するために中国の EV メーカーは e-Axle ユニットのほとんどすべてを丸投げでアウトソーシングしている。一方サプライヤー側も世界最大の自動車市場規模の中国で参入機会をうかがっており、先述のメガサプライヤーBosch、Vitesco はすでに中国に生産拠点を構え、ビジネス拡大をもくろんでいる。日本でも日本電産の e-Axle が中国メーカーGAC に採用され納入が始まり、他にも引き合いが多くなっているため同社は販路拡大のため GAC と合弁会社を設立している。

　ここで EV の動力源であるバッテリーについても触れておきたい。車載用はほとんどがリチウムイオンバッテリーだが、現在のメーカーレイアウトを見るとこんな状況だ。2020年車載用バッテリー生産総電力は143GWh（1,430億 Wh）。

　上位３社を挙げると、１位 CATL（中国）24%、２位 LG（韓国）23.5%、３位パナソニック18.5% で、全体の66% を占める。

　更にそれ以外７社（中国４社、韓国２社、日本１社）を含めると98% の占有率となる。一昨年の2019年時点ではパナ

ソニックが24％シェアで2位だったが、10％シェアで3位だったLGが2020年一気にブレークし首位に肉薄する23.5％シェアとした。今後急増するEV用バッテリー生産に追随するため、各社は大規模バッテリーギガファクトリーを中国に新設しており、バッテリー戦国時代の様相を呈している。次世代の全個体電池を睨みながらバッテリー各社は主導権を握るため熾烈な争いを展開しているところだ。

　このように汎用e-Axleと中国製リチウムイオンバッテリーを使った中国EVメーカーが、低価格を武器にEVをコモディティ化して生産を急拡大し、世界を席巻する日は遠からずやってくると思われる。

２．地球温暖化と電動化

車電動化の背中を押したのは 2015 年の COP21 「パリ協定」

　前章でも述べたが、車電動化の火付け役となったのは国連が1995年からスタートさせた「気候変動枠組条約締約国会議」通称 **COP** と呼ばれる会議。

　地球の温度が少しずつ上昇しているので何とかしなければということでこの会議は始まった。回を重ねるごとに地球の温度が年々少しずつ上がっていることと大気中の CO_2 濃度もわずかに上昇し続けていることとが相関関係にあるとして、温暖化は産業革命以降急速に排出量の増えた CO_2 等の温暖化ガスが原因だということになった。しからばこの温暖化ガスを減らして地球温度上昇を抑えようと各国に達成期限付きで削減目標を課すことを決議したのが、2015年にパリで開かれた21回目の COP21 「パリ協定」である。これを境に世界は温暖化ガス、とりわけ CO_2 排出量削減に向けて急速に走り出したのだ。

　2006年に放映された地球温暖化問題を取り上げたドキュメンタリー映画「不都合な真実」は、刻々と進んでいる温暖化の状況をリアルな映像とそれを裏付ける科学的根拠を駆使して描き出し、迫りくる危機的状況を伝える大変ショッキングな作品だった。

　米国元副大統領アル・ゴア氏が主演したこの映画は空前の大ヒットとなり、地球温暖化問題を改めて世界に知らしめることになった。翌年同氏はこの映画で描かれた気候変動啓発活動が評価されノーベル平和賞を受賞している。その後も情

熱をもって活動を続け2015年のパリ協定へとつながっていった。

　少しわき道にそれるが、アル・ゴア氏について少しふれておきたい。

　2001年米国副大統領の任期を終えると同時に、アル・ゴア氏は大統領選に立候補した。選挙最終盤で、激戦区のフロリダにおいて集計結果が混乱している中、一旦は州知事が40万票差をつけたアル・ゴア氏の勝利を認めたが最終的には対立候補の共和党ブッシュ氏に選挙人獲得数の差で敗れてしまった。彼は失意の中ではあったが、潔く敗北を認めた後しばらくして政界を引退してしまう。

　「あの時もし」という仮定の話としてだが、このアメリカ大統領選でもしアル・ゴア氏が大統領になっていたら、その後2001年９月11日、アフガニスタンに潜伏するアルカイダが起こしたニューヨーク世界貿易センタービル爆破テロ事件を皮切りに、アメリカが報復のため仕掛けたアフガニスタン、イラク戦争、そして崩壊したイラクで生まれた狂気のイスラム国（IS）台頭、そして今も泥沼のアサド政権のシリア中東紛争は起こらなかったという人もいる。

　しかし誰が大統領になったとしても、程度の差はあれ似通った事件、紛争は発生していたであろうし、過激派のテロ活動はある種不可避で防ぎようのないものであったとは思うが。

　20年後の今年2021年９月、アメリカバイデン大統領は、長期にわたった「テロとの戦い」を終えるため、一方的にアフガニスタンからの撤退を決断した。100兆円超の膨大な戦費と数千人の米兵戦死者はあまりにも大きい代償と言わざるを

得ない。

　仮にアル・ゴア氏が米国大統領になって戦争が回避できていれば20年間にもわたる無益な戦闘は避けられたかもしれないが、国家元首としての激務に忙殺され地球環境問題に割ける時間は非常に限られていたであろう。その結果気候変動対策がなおざりになり、温暖化問題はそのまま放置され、地球規模の気候変動はもっと深刻化していた可能性もある。

　そういった意味では、20年前アル・ゴア氏が大統領選に落選したのは天の思し召しだったのかもしれない。

　失意の中で政界を去ったアル・ゴア氏であったが、やがて彼は一念発起、今後の自分のライフワークとして地球温暖化防止に一生を捧げることを決心する。

　その後は世界中を駆け回り地球温暖化の現状を自分の眼で再確認し、さらに本人が主宰するNGOで世界中の支持者達に温暖化防止を説いて歩く地球環境保護の伝道師に徹する。そしてようやく2015年のパリ協定で地球温暖化防止の各国の数値目標設定の世界合意を勝ち取り計画は具体的に動き出すことになった。

　しかしその喜びも束の間、またしても彼は自国の大統領に裏切られ、夢を潰されてしまう。パリ協定の翌々年2017年１月に就任した共和党トランプ大統領が、同年６月にパリ協定離脱を表明してしまった。

「地球温暖化はフェイク、米国だけが大きな経済損失を被るとんでもない合意である」というのが理由である。

　そして果たして４年後の2020年末、折からのコロナウイルス対策でつまずきトランプは再選を果たせず退任。代わった

バイデン新大統領が今年１月、即座にパリ協定復帰を表明しカーボンニューラルを宣言、４月のバーチャル気候変動サミットで2030年までに2005年比50％以上のCO_2排出削減という今までの２倍の高い目標を掲げた。

　安倍政権時トランプ大統領に忖度して温暖化防止政策推進を逡巡していた日本も、ようやく菅総理のもと遅まきながら「カーボンニュートラル2050」を４月に発表した（アメリカ追随の行動であり、内容も独自色はなく単にCO_2排出目標を2013年比26％から46％に変更しただけで具体的な行動計画になっていないのは残念だが）。

　以上がパリ協定前後の地球温暖化にまつわる話だが、バイデン大統領の登場がCO_2排出削減、車の電動化、EV化が最近一段とクローズアップされその勢いが増すきっかけにもなっていることは間違いない。

３．電動化の歴史と変遷

電動化は 1997 年のプリウス HV で始まり、
10 年後テスラ EV で潮流が一変

　COP が始まって２年後の1997年、トヨタが燃費を飛躍的に向上したハイブリッド車「**プリウス**」を発表。

　その群を抜く省燃費性能は世界を驚嘆させ、日本を皮切りに、2004年、2005年には米国、ヨーロッパでもカーオブザイヤーに輝いた。世界初の HV 第１号となったこのプリウスは飛ぶように売れ、確実に販売台数を伸ばしていった。

　その約10年後の2007年、原油価格の高騰が米国を襲い、ガソリン価格が跳ね上がったため低燃費車プリウスが改めて注目された。

　以降世界中で売りまくられ、現在までにトヨタはプリウスだけで約500万台、派生車も含めトータルでは1700万台の HV を世に送り出している。

　そしてプリウスが発売されてから約10年後の2008年に、あのスペース X で有名なイーロン・マスク率いる米国テスラが EV ロードスターを発売。その先進的スタイルとスーパーカー並みの走行性能ですい星の如く登場した２シータースポーツカーは、当時米国で大きな話題となった。

　テスラはこの後、量産フラッグシップ車「モデル S」を投入し本格的に EV メーカーとして成長してゆく。

　米国テスラに続き翌年三菱が軽自動車で EV を発売。その翌年2010年には日産が日本初の普通乗用車 EV リーフを発表。ただ、日本では EV は普及せず、三菱も日産も目標台数には

遠く及ばず今も販売は低迷している。

　一方、欧州ではまだディーゼルエンジンが最も低燃費かつクリーンエンジンという位置付けで特にドイツ5社と呼ばれるVW、Audi（アウディ）、Mercedes（メルセデス）、BMW、Porsche（ポルシェ）は、当初パリ協定目標をディーゼルで乗り切る腹積もりをしていた。

　しかし2015年に「ディーゼルゲート事件」といわれるVWの会社ぐるみの悪質な排ガス不正が米国で発覚し、世界に激震が走った。デフィートデバイスという無効化機能ソフトで実走行とテスト時の排ガス中の窒素酸化物量（Nox値）を長年にわたってごまかしていたのだ。そしてこれがVWだけでなく他の4メーカーのディーゼルにも搭載されていることが分かり、大きな問題に発展していった。

　その結果、ドイツを中心とする欧州勢はこの事件でディーゼルによるCO_2規制（2020年95g／km以下）をあきらめざるを得なくなり、一気にEVに舵を切ることになった。

　ただそのEVは現在テスラが世界一だが、まだ所詮年産50万台程度の規模でしかない。現在猛烈な勢いでEVを増やしている中国メーカーと同様、欧州勢もEV化を急いでいるが、冒頭説明したように2019年時点でも生産はまだ乗用車全体の2％にしか満たない。

　とにかくパリ協定の目標達成期限2030年に間に合わすために、欧米、中国の各メーカーは今EVへの生産シフトを大急ぎで進めているのが現状だが果たして10年足らずで年間1億台近い車生産をすべてEV化することができるのだろうか。

４．EV 化の先にある社会＆経済問題
もしこのまま EV 化が進めば、
世界先進国で 2,000 万人が職を失うことになる

　現在の EV 一本鎗の世界の電動化路線には社会経済面、技術面で大きな落とし穴が潜んでいる。

　もし EV 化が今のまま世界レベルで進行し、現行の内燃エンジンを駆逐してしまったら自動車産業構造が激変し関連業界の雇用が大きく損なわれてしまうという深刻な社会問題を引き起こすことになる。かつてテレビがアナログブラウン管からデジタル液晶ディスプレーに代わって産業構造が大きく様変わりしたことを思い起こせば容易に想像できることである。

　自動車がもし本当にすべて EV に置き換われば、それこそテレビとは桁違いのとてつもない大きな産業構造崩壊が待ち受けることになる。日本だけでも542万人（2020年国内生産970万台前提）といわれる自動車関連の雇用の中の30%、約237万人（製造、資材、整備人員）の仕事が、部品点数比例で単純計算して30〜40%減少するため、およそ80万人が職を失うことになるのである。

　世界レベルで考えれば2020年世界自動車総生産数は日本のおよそ10倍の9,200万台なので、日本と同じ比率で推計すれば自動車関連雇用人口は5,400万人。そのうち800万人以上の人々の雇用が失われてしまうことになる。

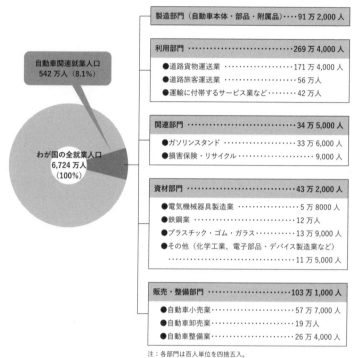

製造部門（自動車本体・部品・附属品）・・・・	91万2,000人

利用部門 ・・・・・・・・・・・・・・・・・・・・・・・・	269万4,000人
●道路貨物運送業 ・・・・・・・・・・・・・・・	171万4,000人
●道路旅客運送業 ・・・・・・・・・・・・・・・	56万人
●運輸に付帯するサービス業など ・・・・・・・	42万人

関連部門 ・・・・・・・・・・・・・・・・・・・・・・・・	34万5,000人
●ガソリンスタンド ・・・・・・・・・・・・・・	33万6,000人
●損害保険・リサイクル ・・・・・・・・・・・・	9,000人

資材部門 ・・・・・・・・・・・・・・・・・・・・・・・・	43万2,000人
●電気機械器具製造業 ・・・・・・・・・・・・・	5万8800人
●鉄鋼業 ・・・・・・・・・・・・・・・・・・・・・	12万人
●プラスチック・ゴム・ガラス・・・・・・・・	13万9,000人
●その他（化学工業、電子部品・デバイス製造業など）	
・・・・・・・・・・・・・・・・・・・・・・・・・・・	11万5,000人

販売・整備部門 ・・・・・・・・・・・・・・・・・・・	103万1,000人
●自動車小売業・・・・・・・・・・・・・・・・・	57万7,000人
●自動車卸売業・・・・・・・・・・・・・・・・・	19万人
●自動車整備業・・・・・・・・・・・・・・・・・	26万4,000人

自動車関連就業人口
542万人（8.1%）

わが国の全就業人口
6,724万人
（100%）

注：各部門は百人単位を四捨五入。

2020年日本の自動車関連就業人口統計
一般社団法人日本自動車工業会の数値を参考に作成

　更にEVは内燃エンジンを搭載しないためモノづくり面での高度なノウハウは不要になる。簡単なモジュール生産中心の製造現場となるため、EV生産の多くは賃金の安い国に移り先進国での自動車生産関連の雇用は完全に枯渇してしまうであろう。

　そうなれば結局日本からも自動車生産関連の仕事はなくなり、80万人どころか200万人近い失業者が発生することにな

る。世界の先進国では合わせて2000万人規模の失業者が発生することになる。

　加えて、EV化により部品点数の激減とメカニズム自体の簡素化、低価格化が進み自動車そのものの付加価値が大きく下がり、結果として売上額が激減し世界のGDPが大きく後退することになる。

　場合によっては世界経済恐慌に発展する恐れさえ出てくる。

　上記のような電動化で被る甚大な経済損失を考えれば、やみくもに「EV化」を進めるだけでなく、もっと賢い方策はないか考える必要があるのではないか。
「CO_2排出量を減らす」という消極的な対策だけでは所詮温暖化は止められず、単なる時間稼ぎにしかならない。例えば自動車メーカーに国費で排出CO_2吸着装置を開発させ搭載を義務付けるとか、工場内に人工光合成プラントを設置させるなど、実効的な脱炭素方策も同時に発令することを国レベルで検討すべきだろう。

　後述するが、電動化で得られるCO_2削減量は計算上HVとEV比較ではほとんど差がないどころか、むしろEVのほうが多いという結果も出ている。EV自体はCO_2を出さないが、バッテリー充電を賄う大本である発電所から、同量以上のCO_2が排出されるのだ。とすれば、現在進んでいるEV化に偏った電動化はまったく無意味であるということを今一度考えてみる必要があるのではないだろうか。

　次章でEVとHVのCO_2排出量比較検証を行う。

５．EV は HV より本当に CO_2 排出は少ないか
EV 本体はゼロエミッション、
しかし動力源の電力発電 CO_2 はどれほどか

　車の電動化の議論の中で最も重要なポイントは、「EV は HV より CO_2 排出量が少ない」が本当に正しいかどうかという点だ。もしこれが事実でなければ、そもそも EV 化などまったくナンセンスとなる。それどころか前述の社会＆経済損失を考えれば今のようなやみくもな EV 化はやってはならない愚かな行為となってしまうのだ。

　この EV 化の最も重要な大前提となっている「EV は HV より CO_2 排出が少ない」の真偽を以下で検証してみたい。

　比較の対象として選んだ HV はトヨタプリウス、EV は日産リーフ。そして参考までに同クラスのガソリン車カローラも加えた（テスラ車はカタログ等に開示されている技術データが少なく客観的比較が困難であったため、プリウスに近い車格の日産リーフとした）。

　使ったデータは両車ともメーカーが出しているカタログから必要な数値を抜粋したものであり、信頼性、客観性は高い。

　1 km 走行当たりの CO_2 排出量比較結果を次頁に示す。なお、両車の燃費比較は国際規格 WLTC の値で計算している。

プリウスVSリーフ排出CO2比較表

	トヨタプリウス E	日産リーフ e+	(参考)トヨタカローラ
パワートレイン	HV	EV	ICE
ガソリンENG	1800cc		1800cc
駆動MOTOR	53kw	85kw	
燃料タンク容量 L	38		50
バッテリー容量 kwh	1.3	62	
車両重量 kg	1320	1670	1300
車両総重量 kg	1595	1945	1575
一充電走行距離 km	—	458	—
WLTC燃費 総合	32.1km/L	161wh/km	14.6km/L
WLTC燃費 市街地	29.9km/L	137wh/km	9.6km/L
WLTC燃費 郊外	35.2km/L	150wh/km	15.9km/L
WLTC燃費 高速道路	31.2km/L	179wh/km	17.6km/L
理論満充填走行距離	1,220km (32.1km/L×38L)	385km (62kwh÷0.161kwh/km)	730km (14.6km/L×50L)
CO2排出量 g/km	72	86	159
CO2計算式	ガソリン排出CO2:2315g/L	日本の発電排出CO2:532g/kwh ＊1	ガソリン排出CO2:2315g/L
計算根拠等	ガソリン主成分C8H18 1分子(114g)で8分子のCO2(44g)が発生=1000÷114×8×4.4×0.75=2315	＊1上記排出原単位532g/kwhは資源エネルギー庁、電力中研の2019年情報を参考に筆者が算出	ガソリン主成分C8H18 1分子(114g)で8分子のCO2(44g)が発生=1000÷114×8×4.4×0.75=2315

プリウス

リーフ

　カローラに比べれば両車とも燃費は大きく向上しているが、驚くべきことに１km 走行当たりの CO₂ 排出量はプリウスが72g、リーフが86gとなり、プリウスがリーフより14g（16%）も少ないという結果だった。

　更に EV の場合、充電時の熱損失（高速充電装置では400V 近い電圧で80A 以上の大電流を流し込むため、大きな発熱ロスが出る。充電経路にほんのわずかの電気抵抗があっても、発熱で多くの電力（電流の２乗×抵抗）が失われる。リーフに限らずすべての EV は、高速充電時の発熱損失が５〜10%前後発生するといわれている。この損失は当然ながら

カタログには載ってない。おおもとの電力が余計に必要になるわけで、その分、CO_2 が余分に放出されていることになる。

それ以外にも、現存 EV の中には「WLTC 一充電走行距離」という重要な数値の表示が義務付けられているが、中には首をかしげたくなるような怪しげな数値を表示しているメーカーも散見される。

筆者の調査では、一充電走行距離はレクサス、ホンダ、BMW の EV 以外は信憑性に乏しい。テスラは今や世界一の EV メーカーだが、カタログには交流電力量消費率はおろか電池容量の記載すらなく、単に一充電走行距離が謳われているだけで、真偽を担保するテクニカルデータは一切公表されていない。したがって、正確な電費も CO_2 排出量も分からないままユーザーは何の疑問も抱かずにこの車を運転していることになり、暗澹たる思いがする。普及型モデルでも500万円以上の高価な EV を購入できる限られたユーザーにとっては、燃費などどうでもよいのかもしれないが。

EV は CO_2 を出さないクリーンな車であると勘違いされている多くの方々から見れば、この燃費、CO_2 比較結果、及び信憑性に欠ける一充電走行距離については、信じられないと思うかもしれないが、紛れもない事実である。

残念ながら日産リーフについても、カタログ「一充電走行距離」は458km となっているが、筆者の試算結果385km（WLTC 交流電力量消費率161Wh／km とバッテリー容量62kwh から逆算した値）とはかけ離れた数値であり、疑わしいと言わざるを得ない。

この電気自動車の「WLTC 一充電走行距離」の危うさ、

疑わしさについては、筆者が実際に日産リーフを試乗して検証したレポートを章末に掲載しているので参照されたい。

　この試乗比較で改めて確認されたのは下表に示すように EV リーフのカタログ燃費と実走行燃費の大きな乖離で HV との差を如実に表している。リーフの場合はカタログ一充電走行距離322km に対して試乗結果が216km と100km 以上の差があり燃費詐称と言われかねない数値だ。

プリウス、リーフ(40kwh) 試乗実走行結果比較

	カタログ値WLTC		試乗結果	
	燃費	一充電走行距離	燃費	予測一充電走行距離
HVプリウス	32.1km/L	1220km	29.1km/L	1106km
EV リーフ40kwh	155wh/km	322km	181wh/km	216km
EV リーフ62kwh	161wh/km	458km	33ページ掲載のリーフ(参考表示)	

　いずれにしても、上表の比較の通り EV が内燃エンジン搭載の HV に CO₂ 排出量でも全く歯が立たない以上、車の EV 化など全く意味がないということになり由々しき問題である。

　各国自動車メーカーがこの不都合な事実を知らないはずはないと思うのだが、あまり問題にされてこなかったのは、EV の省燃費クリーンカーイメージを悪くしたくないという思惑から公表を憚ったのだろう。

　そんな中、今年2021年7月欧州連合（EU）が、2035年までに HV を含むすべての内燃エンジン車製造販売を禁止し EV に統一する方針を打ち出しており、日本の HV 締め出し圧力はさらに強くなっている。

　いま日本政府が CO₂ 排出削減に向けて進めるべき取り組みは、あくまでも科学的知見に基づいたものであるべきだ。ともすれば欧米の主張に流されがちな電動化の行く末につい

ては、その方向性を自動車関連技術者、科学者等専門家で十分議論を尽くして、「国策として日本はこうする」といった主張をすべきであろう。パリ協定目標は順守しなければならないが、その方法を日本は安易に EV 化にゆだねるのではなく、もっと現実的で合理的な HV 化によってクリアすると主張することは可能なはずで、これを世界に強く発信すべきだと考える。

　少なくとも日本ではすべてを EV 化することはデメリットのほうがはるかに大きく推奨できない。

　ただし、一概に EV 化が間違っているとは言えない場合もある。

　例えばフランスは総消費電力の80% 以上を原発に依存しているが、もしこの国でリーフを走らせれば CO_2 排出量は $20g／km$ 未満になり HV プリウスの $72g／km$ を大きく下回る。

　要するに CO_2 をほとんど出さない原発による電力で EV を走らせれば当然ながら CO_2 排出は抑えられるのだ。

　福島原発以降特に EU 諸国では原発廃止の気運が一気に高まり、多くの国が原発増設はもちろん原発停止、廃止の方向に向かったが、ドイツ（2022年までに原発廃止を法制化）を除き他の国々は昨今の CO_2 排出削減要請の高まりで、計画見直し、すなわち原発容認化が進んでいる。もし原発による CO_2 削減が何のペナルティもなく認められることになれば、世界各国で原発建設ラッシュが起こってしまうであろう。

　すでに CO_2 排出世界１、２位の中国、アメリカでは自国に豊富な資源があるにもかかわらず CO_2 削減を表向きの理

由に原発増設を着々と進めている。これを防ぐため原発電力には炭素（Carbon）税と同様、原発（Nuclear）税のようなペナルティをかけることも国連の原子力機関 IAEA は COP と連携して検討を急ぐべきだと思う。

　福島原発事故が起こって10年経過し、事故処理のためにこれまでに掛かった費用が10兆円超、今後完全に処理を終えるまでにはこの先まだ何十年もかかり、処理費用は総額で50〜60兆円以上になるという試算もある。経済損失ばかりでなく、風評被害をはじめ被災地住民の味わっている塗炭の苦しみは言うに及ばず、周辺地域、海域そして近隣諸国にも放射能汚染で大きな迷惑をかける厄介な原発はもはやクリーンエネルギーとは呼べず、核のゴミをまき散らす悪魔のエネルギーと考えるべきだ。

　地球温暖化防止のために始まった低炭素化CO$_2$削減の取り組みが結果的に原発の拡大につながり、温暖化よりはるかに怖い放射能汚染を引き起こすことだけは絶対に避けなければならない。中国、アメリカはもちろん、世界中の国はこの悪魔のエネルギーの誘いには乗らないようにしてほしいものだ。とりわけ日本は世界唯一の被爆国であると同時に原発事故被災国であり、少なくとも我が国の脱炭素化は絶対に「脱原子力」が大前提でなくてはならない。

　ただ残念ながら日本政府が最近発表した「2030年度の新たな電源構成」によると、その中身は低炭素化のために20％を超える原発利用を前提に構成されている。

　この時の朝日新聞の紙面には「再生エネ比率を倍増へ、原発は据え置き」とある。しかし現時点の原発比率は、東日本

大震災後稼働していない原発が多いため6%前後なので、20%とすれば原発の発電量を3倍以上に増やすということになり、現状からすると「据え置き」ではなく大幅な増加である。日本国民としては本当に情けない嘆かわしい内容といわざるを得ない。

　パリ協定に加盟している先進国中、最も遅れて脱炭素化宣言を発動した日本政府には是が非でも「原発抜きの脱炭素化」を世界に先駆け宣言してほしいものだ。

　HVプリウスとEVリーフのCO₂排出量に話を戻そう。なぜプリウスがリーフよりCO₂排出が少ないという結果が出たのかをもう少し論理的に検証してみる。

　表中で両車の重量差に注目していただきたい。EVリーフはHVプリウスより300kg（約20%）も重い。これは搭載されたバッテリー重量から来るものである。昔、学校で学んだ運動エネルギー$1/2mv^2$を思い出せば、おのずと今回の結果の妥当性が理解できる。車は動く物体でありその運動に必要なエネルギーは質量m（重量と考えてよい）に比例して増減する。更に移動速度vの2乗にも比例する。すなわちHVプリウスより重いEVリーフがより多くの運動エネルギーを消費することは自明の理であり、同じ距離を同じ速度で移動すればリーフがプリウスより多くのエネルギーを必要とし、その結果CO₂排出量も多くなっているのだ。そして速度vを上げれば上げるほどその差は更に2乗に比例して拡大していく。

「電気自動車は内燃エンジン車より高効率で燃費もよく、更にCO₂をまったく出さない究極のクリーンエコカーである」

というのは EV の先進性を謳っただけの、科学的根拠のない
宣伝用の単なるキャッチフレーズであることが分かっていた
だけると思う。少なくとも今の日本の電力発電事情では EV
は CO_2 をまったく出さないどころか、HV より多くを排出し
ているのだ。

　今回比較対象とした EV リーフのバッテリーは62kwh で
重量は440kg もある。参考ながらテスラの最新モデルＳは
130kwh 前後のバッテリーを搭載しており、重量は何と
700kg を超えるといわれる（テスラはバッテリーのみならず
多くの技術情報を一切公開していないので正確なところはよ
く分からないが）。

　EV はその最大の弱点である「短航続距離」と「長充電時
間」をカモフラージュするためにバッテリーを大型化せざる
を得ない。その結果、重くなったバッテリーが更に無駄な電
力を消耗するという悪循環に陥っている。そしてこのバッテ
リーという重厚長大な「電気貯蔵タンク」は充電時も空充電
時も同重量であり、これも EV の燃費（電費）悪化の大きな
原因の１つとなっている。

　隕石の衝突によって生態系が破壊され、食物連鎖の底辺で
ある植物が大幅に減少する。そこから恐竜の餓死の連鎖が発
生し、大量の餌を必要とする大型恐竜は早々に姿を消した
……という説がある。どんどん大型化するバッテリーには大
量の稀少金属（レアメタル）を使用するが、それを食い尽く
し、現代の EV も古代恐竜と同じような道を辿るのではない
かという気がする。

2019年末の日本国内自動車保有台数は約7,800万台で乗用車が約6,200万台、トラックバス等商用車が残り約1,600万台となっている。そして乗用車1台の平均走行距離は約1万km／年[1]。

（2018年延べ走行距離7479億2900万km／年÷車保有台数7813万9997台≒1万km／年）

　これらの現行のガソリン車の燃費は、先述燃費比較表で示したカローラ1800ccで157g／kmだったが、これはあくまでもWLTC基準による机上計算の燃費である。現在実際の自動車が排出しているCO_2平均値はというと、238g／kmという統計値がある。ご承知の通り燃費に使われるJC08もWLTCもEPAも、すべて試験機上で測定した実車走行シミュレーションであり実走行とは大きな乖離がある。

　8章で紹介しているが、上記238g／kmは、世界中のすべての車が1年間に排出したCO_2総排出量を車の台数で割った平均値だ。

　したがってもし6,200万台の乗用車がすべてガソリン車からプリウスのようなHVに置き換わって燃費が2倍になったとすると削減できるCO_2排出量は単純計算で6,200万台×1万km／年×（238÷2）g／km＝0.74億トン／年となる。

　パリ協定での日本の運輸部門CO_2排出量目標値は「2013年度2億2500万tを2030年までに26％減の1億6300万トンに削減」すなわち削減目標値は差額の0.62億トン。したがって日本の場合すべての乗用車をHV化すれば、パリ協定目標は

それだけでクリアできることになる（下表の運輸部門参照）。

パリ協定　2030年目標エネルギー起源CO$_2$の各部門排出量

数値単位：百万t-CO2

		2030年度各部門の排出量の目安	2013年度　（2005年度）
エネルギー起源CO$_2$		927	1,235　（1,219）
	産業部門	401	429　（457）
	業務その他部門	168	279　（239）
	家庭部門	122	201　（180）
	運輸部門	163	225　（240）
	エネルギー転換部門	73	101　（104）

環境省「日本の約束草案（2020年以降の新たな温室効果ガス排出削減目標）」より作成

　日本中の乗用車を2030年までにすべてHV化するだけで、日本はパリ協定コミットメント運輸部門目標達成が可能なのだ。更にトラックバスの大型自動車にもHV化を全面展開すれば最近菅政権が目標修正した46%削減に近いCO$_2$削減効果もほぼ達成できそうなレベルだ。

　したがって、もし世界各国が日本式のストロングHV化を選択すればEV化などしなくとも運輸自動車部門のCO$_2$排出量削減目標は難なく達成できてしまうことだろう。

　しかしながら実はこれこそが諸外国の自動車メーカーにとって誠に都合の悪い話であり、トヨタの産んだ日本のお家芸ストロングHVを地球温暖化防止の主流にさせないために各メーカーがこぞって（HVを認めない排他的な）EVに突き進もうとしている理由なのだ。彼らは技術的にも採算的にも

まったくトヨタの HV には追随できないため「地球温暖化防止」という大義名分で HV を孤立失脚させて電動化戦争を有利に進めようとしているとしか筆者には思えないのである。

　日本政府は今こそ、世界各国に HV による自動車電動化を働きかけ不毛で排他的な EV 化への流れの再検討を提言すべきではないか。

【日産リーフ試乗レポート】

テスト日） 令和3（2021）年9月1日

目的） 日産 EV リーフの電費表示「交流電力消費率」と「一
　　充電走行距離」との違いを確認するとともに、どちらの
　　値が実際の電費に近いかを実車走行により検証する。
　　・試乗車　日産リーフ S（搭載バッテリー40kWh）
　　三重県日産レンタカーで借受（2018年登録、65.000km 走行）

試乗ルート） 近鉄四日市駅前〜青山高原風力発電所
　　走行経路詳細（片道約80km）
　　四日市駅〜名阪四日市 IC〜伊勢道久居 IC〜発電所
　　※9km（一般道）＋43km（高速道）＋28km（一般道）

試乗結果）
　　①往復走行距離184km（往路ミスコース24km を含む）
　　②電力消費量　34kWh（下記 a＋b－c）
　　　　　　　　a 出発時38kWh（バッテリー残96%）
　　　　　　　　b 途中充電11kWh（安濃 SA 急速充電28%）
　　　　　　　　c 帰着時15kWh（バッテリー残38%）
　　交流電力消費率　34kWh÷184km＝185Wh／km（カタロ
　　グ155Wh／km）
　　一充電走行距離換算値184km×（40÷34）=216km（カタロ
　　グ　322km）

所見）

　今回の試乗には最新の62kWhバッテリー搭載モデルをテストしたかったが、日産レンタカー中部地区には登録がなく、やむを得ず標準の40kWhに試乗。評判通り走りはキビキビとしており坂道急加速も高速道路上の追い越し加速動力性能も申し分なく、実用的で使い勝手のよい車。ただ電費面ではやはり筆者が疑問に思っていた点が問題として改めて浮き彫りになった。以下詳しく説明する。

　ガソリン車（HVも含む）の場合、燃費とは1L当りの走行距離を表す数値で単位はkm／Lだ。ちなみにプリウスはWLTC燃費32.1km／Lであり、燃料タンク容量38Lなので満充填走行距離は1,220kmとなる。

　筆者も数年前に購入して2年ほど乗ったが、この燃費には驚嘆したものだ。通常の走行であれば上記1,220kmには届かないまでも、1,000kmを割ることはなく実走燃費はWLTC燃費の90％前後と考えて差し支えない。

　一方EVの場合、ガソリン車の燃費に相当するのが電費であり、カタログには「交流電力消費率」と表示され、単位はWh／kmだ。ただし、ややこしいことにEVには「一充電走行距離」という名の別の電費表示も義務付けられており、今回試乗のリーフは322kmとカタログには表示されている。

　筆者の疑問はなぜ2種類の電費が表示されるのかという点だ。そしてこの2種類の電費には大きな差がある。以下具体的に説明する。

日産リーフカタログに記載の２種類の電費

① WLTC 交流電力消費率155Wh／km

　走行距離換算すれば258km（40kWh ÷0.155kWh／km）
　となる

② WLTC 一充電走行距離322km

　交流電力消費率に換算すれば124Wh／km（40kWh ÷
　322km）となる

①②間には64km もの大きな乖離がある。①より②がなぜ
25％も多く走れるのかが疑問である。日産本社にも問合せ
したが「交流電力消費量と一充電走行距離は別物です。実際
には322km 走れます」という回答しか得られず、両者間の
違いの説明はなかった。同じ WLTC 測定（実走行ではなく
シャーシダイナモ上の計測）でありながら、なぜこんな25％
もの差が出るのか理解ができなかった。

　筆者なりにいろいろ調べた結果によれば、EV の場合、走
行中のエネルギー回生（減速時に駆動モーターを発電機とし
て利用しバッテリーに充電）により40kWh のバッテリーが
50kWh 分すなわち1.25倍走れるということらしい。それが
事実であれば、EV の場合は「一充電走行距離」322km が実
際に近い電費ということになる。

　これらを念頭に WLTC カタログ電費と実走市場結果をわ
かりやすく改めて以下に示す。

《日産リーフカタログの数値》

40kWh バッテリー搭載車…一充電走行距離322km

258km（電費155Wh／km）	64km（回生）
40kWh（バッテリー容量）	10kWh

《筆者試乗確認結果》

消費電力34kWh／実走距離184km から算出

216km（電費185Wh／km）
40kWh（バッテリー容量）＋回生

　今回の試乗は運転未熟の筆者が一般道をごく普通に走った結果なので、あくまでも参考情報として捉えていただきたい。しかし2種類の電費「交流電力消費率」と「一充電走行距離」間の大きな差もさることながら、より実際に近いとされる一充電走行距離322kmと、実走行試乗結果216kmとの間に106km（33％）のあまりに大きな開きがあることがわかり、

充電中のリーフ

電費への不信感を改めて再認識する結果となった。

　この一充電走行距離については、リーフだけではなく、特に欧米メーカー製に怪しい数値が多く散見される。例えば現在 EV 世界一のテスラだが、このメーカーは、電費はおろかバッテリー容量すら記載がなく、ただ表示されているのは一充電走行距離のみであり、全くブラックボックスだ。テスラ Japan に電費情報の入ったカタログを要求してみたが、「弊社は基本的に印刷のカタログは出していません。ネットのホームページを参照ください」とのたまうばかり。ネットにも、もちろん一切表示はない。諸元表の WLTC 電費欄ではバッテリー容量も交流電力消費率も空欄で何も開示していない。駆動モーターの出力値も見当たらない。

　電費、バッテリー容量などの肝心なことも開示していないのによく車が売れるもんだねと尋ねたら「テスラは世界一の EV メーカーで、他社に比べて動力性能だけでなくバッテリー性能もよくて、お客様は大変満足され、購入いただいています」とのことだった。

　テスラ「モデル3」といえば、普及型とはいえ400～700万円もする高価な車で、今世界で最もたくさん売れている EV だ。世の中には、実際の燃費性能もよく確認せずに購入する奇特なお金持ちが結構いるものだと感心させられた次第である。

　テスラに限らず、EV に乗る人たちの多くは一般消費者というより EV マニア（ファン）といった人たちが多く、インターネットの書き込みを見ても、ほとんどが良い所だけを誇らしげに書いているものが多いように思う。

日本の水平対向エンジンスバルの熱狂的ファン「スバリスタ」に近い感覚かもしれない。もちろんこれも立派なブランド商品販売戦略であり、結構なことではあるが。

　参考までに、筆者が作成した現在の各社 EV 比較表を以下添付する。
たとえば、ここに登場するレクサス EV UX300e はカタログ電費より一充電走行距離は5% 短くなっており、むしろこれが真っ当な値ではないかと思う。ホンダ e もほぼ及第点だが、その他の海外メーカー製 EV にはかなり眉唾な数値が表示されているものが多いようだ。
　これから EV 購入を検討されている方々には、仮にカタログに一充電走行距離500km と謳っていても、実際には350km くらいしか走らないと割り切って車選びをされることをお勧めする。

各社EV主要諸元比較表

		日産リーフS	日産リーフe+	テスラ モデル3	レクサス ux300e	ホンダe	ポルシェ タイカン4S	ベンツEQA 250
1	パワートレイン	EV	EV	EV	EV	EV	EV	EV
2	ガソリンENG	—	—	—	—	—	—	—
3	駆動MOTOR最高出力	110kw	160kw	不明	150kw	100kw	320kw	140kw
4	燃料タンク容量 L	—	—	—	—	—	—	—
5	バッテリー容量 kwh	40	62	std/long	54.4	35.5	71	66.5
6	車両重量 kg	1490	1670	1625/1844	1800	1510	2125	不明
7	一充電走行距離 km	322	458	430/580	367	283	374	422
8	WLTC燃費 (wh/km) 総合	155	161	不明	140	131	233	不明
9	市街地	133	137		124	106		
10	郊外	145	150		134	121		
11	高速道路	171	179		152	141		
12	理論満充填走行距離 km	258 (40kwh÷0.155kwh/km)	385 (62kwh÷0.161kwh/km)	不明	388	271	304	不明
13	一充電走行距離の信憑性	×(1.24倍)	×(1.19倍)	××(不明)	◎(0.95倍)	○(1.04倍)	×(1.23倍)	××(不明)
14	CO2排出量 g/km	82	86	算出不可	74	70	124	算出不可

49

【トヨタプリウス試乗レポート】

テスト日） 令和 3 （2021）年 9 月 20 日

目的） トヨタプリウスの実走燃費を確認するため、以下ルートを試乗、走行テストした（9 月 1 日実施のリーフ試乗試験と比較対比するために、ほぼ同ルート同距離を走行）。
・試乗車　トヨタプリウス　三重トヨタ自動車から借受

試乗ルート） 自宅発〜四日市経由〜青山高原風力発電所
走行経路詳細（片道約93km）
自宅〜名阪四日市 IC〜伊勢道久居 IC〜発電所
22km（一般道）＋43km（高速道）＋28km（一般道）

試乗結果） 実走燃費　29.1km／L
　①往復走行距離　186km
　②ガソリン消費量　6.4L
　　　　　a 出発時　満タン
　　　　　b 帰着時　満充填量　6.4L

所見）
　今回の試乗には最新のプリウス E を借りてテストした。走りは同クラスのガソリンエンジン車（1.8L）とほとんど同じだが、加速時はモーターアシストが加わる分だけパワフルで瞬発力があって小気味がいい。坂道急加速も高速道路上の追い越し加速動力性能も申し分ない。プリウスがすでに500

万台越えの販売台数を誇る世界屈指の省燃費ハイパフォーマンス HV であることを改めて痛感した。カタログの WLTC 燃費が32.1km／L であるのに対し、今回の試乗結果が29.1km／L とカタログ値より約10% 低いが、これは想定内の範囲。むしろこの10% という数値は、前回９月１日に実施した EV リーフのカタログ一充電走行距離値322km と試乗実走燃費216km との差33% の大きさを際立たせる結果になったといえる。この辺が、日本では HV 人気が高く EV が長年伸び悩んでいる大きな理由であろう。

　今回のプリウスでもう一つ驚いたのは、液晶パネルに EV 走行比率が49% と表示されていたことだ。総走行距離186km のうち約半分は EV 走行していると解釈すればいいのだろう。この値はプリウスが走行中に取り込んだ回生エネルギーを電気に変換してモーター走行していることを表しており、とりもなおさず燃費は同クラスガソリン車の２倍の燃費を発揮することを裏付けている。

　２L のペットボトルたった３本分のガソリンで186km 走れる驚異的低燃費車であった。

6．EV、HV どちらが安く走れるのか
不公平、不公正な揮発油税のからくりが勘違いを招く

　HV プリウスが EV リーフより CO_2 排出量（燃料消費量）が少ないことはお分かりいただけたと思う。

　しかし、ほとんどの消費者の関心は CO_2 排出量ではなく経済性、すなわちどちらが安く走れるのかにあるだろう。

　これまでの説明からすると、単位走行距離当たり CO_2 が少ない、すなわち燃料消費の少ないプリウスのほうが安いはずだが、話はそれほど単純ではない。EV は燃料に相当するものが電力料金なので少し計算がややこしいが、結論からいうと、今の日本の料金システムではリーフのほうがプリウスよりかなり安く走れるのだ。理由は、ガソリンに過重に課される税金によるものだ。

　両車を実走行に近い WLTC 燃費で比較するとプリウス32.1km／L、リーフ6.2km／kWh（161Wh／km から換算）だったが、これを1km 走行当たりの金額に換算する。

　まずプリウスの場合、燃料のガソリン市中価格は現在130〜140円／L 前後であり、中間の数値で単純に計算すれば135円／L ÷32.1km／L ＝4.2円／km。

　一方リーフの場合、電気で走るのでユーザーは電気料金としてお金を払うことになる。その電気代は契約条件によって差があるが、平均的な一般家庭で約25円／kWh、この単価で計算すると25円／kWh ÷6.2km／kWh ＝4.0円／km となる。したがって結果はプリウスよりリーフのほうが同じ距離を約5% 安く走れる勘定になる。

例えば年間12,000km 走る家庭では、年間にするとリーフのほうが約6,000円家計の負担が少なく済むのだ。

プリウス、リーフの燃費比較表

WLTC燃費	燃料単価	1km走行費用	年間1.2万km走行費
32.1km/L	145円/L	4.5円	54,000円
6.2km/kwh	25円/kwh	4.0円	48,000円

今、世の中でEV がもてはやされている理由に実はこの燃費価格差も大きく影響していると思われる。

バッテリー充電の多少の不便さを考えても、あえて EV を選択する人たちがいるのはこれが最大の理由であろう。

ではなぜこのような逆転現象――すなわち「燃料消費量の少ない HV のほうが燃料代が高い」が起こるのか。理由は単純明快、ガソリン価格と電力料金に含まれる税金に大きな差があるのだ。ガソリンには電気料金には掛からない特別な費用（税金）が賦課され、それを運転者が負担させられているところに原因がある。

それは大昔の昭和29（1954）年に制定された「道路特定財源」の原資となっている石油ガソリン税で、1L 当たり56.6円もの価格が上乗せになっているのだ。内訳は石油税が2.8円／L、ガソリン本則税が28.7円／L に加えて、1974年から始まった暫定税25.1円が加算され、計56.6円／L となっている。

更にガソリンスタンドで販売するときの価格はこの税金に消費税も上乗せ（2重課税）されるので、最終的に**62.3円／L** もの負担増となっている。

2009年に一般財源化されたこのガソリン税は今も徴収して

おり、自動車業界からも長年にわたって問題を指摘されている。車所有者は常にガソリン1L当たり62.3円を税金として余分に支払わされているのだ。

　もしこの税金がなかったら、スタンド販売価格145円／Lの場合、ガソリン代金の正味は145円－62.3＝82.7円／Lとなる。これをプリウス燃費に換算すれば、82.7円／L÷32.1km／L＝2.6円／kmとなる。リーフの電費価格は4.0円／kmであったから、もしガソリン税がなければ、実際にはプリウスのほうが逆に35％も安く走れることになる。

　不公平なガソリン税が消費者を惑わし、あたかもEVのほうがHVより燃費が良いと錯覚させる原因にもなっている。

　すでに国内でもEVが普及し始め、あちこちで走っているのを見かけるようになった現状を考えれば、速やかに政府は不公平なガソリン税を見直しし、EV充電用途の電気料金にもガソリン税相当額を賦課徴収するようにして税の公平性が保てるよう法の整備を行う必要がある。

　さもなければ今後もしEV化が本格的に進めば現在10兆円近いといわれるガソリン税関連財源を国は失うことになるのだ。

　参考までに電気料金の基本構造を下図に示す。最近新電力等で価格構造が煩雑になって非常に分かりにくくなっているが、単純化すれば以下の通り基本料金と使用量に応じて増減する電力量（kWh）と再エネ賦課金を合算したものだ。一般家庭の電気料金は通常20円～30円／kWhである。消費者への請求はこれに10％の消費税が上乗せされるだけでガソリンの揮発油税のような不条理な税金は一切含まれていない。

通常ガソリン価格構成

石油ガソリン税				消費税10%	販売価格 税率93%
本体	本則税	暫定税	石油税		
75.2円	28.7円	25.1円	2.8円	13.2円	145円

標準的な電気料金構成

基本料金	電力量料金	再エネ賦課金	消費税10%	価格　税率10%
	20円～30円	2～3円		22～33円

　電気料金の話が出たのでここで日本の電力事情について説明しておきたい。資源エネルギー庁の資料によれば2019年の日本の発電は、多いほうから順番に並べればLNG37.1%、石炭31.9%、新エネ（再生可能）10.3%、水力7.7%、石油6.8%、原子力6.2%という構成になっている。

　2011年の東日本大震災の原発事故により2014年には原発はすべて休止し一旦0%になったが、その後少しずつ増えて2019年現在では6.2%まで比率が戻っている。

日本の発電所 排出CO$_2$

	CO$_2$排出 （g/kwh）	2019年比率（%）	発電別CO$_2$ （g-CO2/kWh）
石炭火力	943	31.9	300
石油火力	738	6.8	50
LNG火力	474	37.1	176
水力	11	7.7	1
原子力	19	6.2	1
再生可能	30	10.3	3
CO$_2$加重平均排出量 g/Kwh			532

参考：電力中央研究所
「日本における発電技術のライフサイクル　CO2排出量総合評価」

7．EVのアキレス腱
実用性を阻む最大の壁バッテリー問題はブレークスルーできるか

　現在のEVは、100年以上前からあったものと原理的には
まったく同じである。

　当時と大きく違うところがあるとすれば、バッテリーが鉛
蓄電池からリチウムイオン（Li-ion）電池に代わり、駆動モ
ーターが直流ブラシモーターからブラシレス交流モーターに
代わったところぐらいだ。

　もちろん現在のEVは100年前のものとは比較にならない
ほど進化しており、走行性能は格段に向上している。とりわ
けパワートレインの主機（駆動モーター）は電子技術の画期
的な進歩により直流電源のバッテリーの交流変換及び昇圧が
インバーター、DC／DCコンバータ等で可能になり、交流
同期型誘導モーターが使われるようになって高効率・高出力
化が可能となった。昔の直流モーターの決定的な弱点であっ
た摩耗部品の整流子（コンミテーター）とカーボンブラシが
なくなりメンテナンスフリーで走れるようになった。このお
かげで現在のEVは、今では加速、トルク等でガソリン車以
上の走行性能を発揮するものもある。

　前述のテスラモデルS、最近ではポルシェタイカン、他に
も各メーカーがフラッグシップEVとして発表しているモン
スターモデルも多く出回るようになった。ただ、今もなおま
ったく問題解決の糸口が見つからずEV普及のネックとなっ
ているのがバッテリーの問題である。

　確かに100年前の鉛蓄電池から Li-ion 電池に代わって格段に蓄電容量が増え走行距離が伸びたのは事実だが、今後普及して台数が伸びた時大きな問題になるのが　大きく重い重量、長い充電時間、発火爆発の危険性、リチウム Li、コバルト Co 等の稀少金属資源の枯渇である。

　もしバッテリーの持つこれらの問題点が解決できれば EV は HV に代われる可能性がないとはいえないが、現時点では画期的な解決策が見当たらない。解を見いだせないまま現行 Li-ion バッテリーを大量に作り続ければ、EV 化は地球温暖化を救うどころか廃バッテリーという環境負荷の大きな廃棄物を大量に産出し後世に大きな禍根を残すことになる。

　以下バッテリーEV の具体的弱点、問題点を述べる。

1）走行距離短、充電時間長

　HV も含めたガソリンエンジン搭載車の燃料タンクに相当するのが EV における Li-ion バッテリーである。HV プリウスの燃料タンク容量は40L 前後であり、燃料ポンプを含めたタンク本体重量合わせて満タン時でおよそ60kg。これでおよそ1,200km 無給油走行ができる。

　日産リーフ用バッテリーの場合40kWh タイプで310kg（1充電走行距離カタログ値322km）。長距離走行モデルは62kWh で440kg（1充電走行距離カタログ値458km）。ただし実際には EV の場合は高速充電器では実用的にはせいぜい80％ しか充電できず、実質航続距離は多くても40kWh 標準モデルで200km、62kWh モデルで300km 程度しかない。

　東京大阪間（500km）を往復する前提で考えると、プリウ

スは満タンで往復してもまだ200km以上の走行余力を残しているのに対し、リーフの場合は往復途中で３回の充電が必要で、それぞれ高速充電30分として正味１時間半のロス時間が発生する計算だ。

　ただしこれはあくまでも充電の正味時間であり、現実には充電待機時間等も考えれば予測不能なロスタイムが多く発生し実用的とはいえない。これがEVのリピーターが少ない一番の理由にもなっている。更にEVの場合、高速道路でスピードを上げれば上げるほど急激に燃費（電費）が落ちバッテリー温度も上昇し充電時間が長くなるというわずらわしさもつきまとう。

　この欠点を補う（カモフラージュ）ために必然的にEV各社はバッテリー大型化によって航続距離を伸ばして消費者の不便を解消しようとするが、その結果、バッテリー重量比率が増え燃費効率を落としていくという悪循環に陥る。現実にリーフは標準40kWhモデルより長距離走行型モデルとして新たに発売した62kWhモデルのほうがむしろ燃費が悪いのだ。WLTCで40kWhモデルが155kWh／km、62kWhモデルが161kWh／kmで差は約4％だが、実走行ではもっと悪化する可能性もある。一充電当たりの走行距離を延ばすために燃費を悪化させることなど邪道としか思えないがこれが今のEVの現実なのだろう。EVの雄テスラはどうなのか仕様諸元がブラックボックスでよく分からないが、恐らく同じようなジレンマを抱えているのではないかと考える。

　現行のLi-ionバッテリーを使う限り、今後多少の軽量化は進むにしてもガソリンエンジン並みの燃料充填スピードと航

続走行距離にはどこまで行っても到底かなわない。

　昨今、全固体電池という画期的な技術が実用化され航続距離と充電時間短縮の問題が解消するかのような報道もよく目にするようになったが、固体電池化はあくまでも現行の液状電解液を固体にして爆発、火災が起こりにくくするのが主目的で「短航続距離、長充電時間」対策にはあまり多くは期待できない。固体電池も、現時点では金属製の電極と線膨張率が大きく違う樹脂状固体電解質との接合部密着性と耐久性等、それ以外にもまだ実用化には多くの問題が残されていると聞いている。中国のテスラと呼ばれる NIO という新進 EV メーカーが150kWh 級の超大型固体電池搭載の車を2022年に発売するといううわさを聞くが、果たしてどの程度のものか興味深い。ただ、最も実用化研究が進んでいるといわれるトヨタ自動車ですらいまだ実用化の目途については明言を避けているところを見ると、そんなに簡単にはいかないとも思うが。

　そして、もし仮に近い将来この夢の電池が実用化されたとしても、所詮走行に必要な運動エネルギーは変わらず消費電力そのものが減るわけではないのでCO_2排出量削減効果はまったく期待できないのだが……。

2）密閉容器内 Li-ion 電解液の爆発、炎上の恐怖

　現行 EV のバッテリーには Li-ion 電解液が封入されている。密閉容器の中に閉じ込められている液体は温度上昇すると当然膨張するので、その結果容器内圧力が上がり限界を超えると破裂する。市販の EV は通常はこの破裂（爆発）が起こらないように圧力ベント、内圧モニターセンサーによる電流遮

断等、何重ものフェイルセーフ機構が備わっているが、それでも事故はたまに起こっている。

　最近中国では国産の EV メーカーが乱立しているが、安全性に乏しい廉価 EV が出回り各地で火災事故が頻発していると聞く。おそらく電池製造工程での電解液充填工程の品質管理の問題、電池缶の爆発ベントのバラツキ問題、電流制御回路の誤作動等々が複合して問題を発生させていると思われる。どれだけしっかり管理されていても液体を密閉容器内に閉じ込める構造の電池では絶対に事故をゼロにはできないのである。

　少し前の話だが、米国のボーイング787という新型飛行機が Li-ion バッテリー暴走により煙を吐いて飛行不能になり最寄りの高松空港に緊急着陸するという事故を起こした（2013年1月16日 ANA）。その少し前にも JAL が同型機で成田から米国ボストン到着後駐機中にバッテリー発火事故を起こしている。

　当時はこの2件の事故のため、世界中にあった50機のボーイング787がすべて運航停止となった。厳格な品質管理のもとに製造されているハイテク飛行機ですらこのような事故を起こしてしまうのだ。品質管理が手薄な中国の新興 EV メーカーが火災事故を起こしても不思議ではない。

3）豪雪渋滞時のバッテリー切れによる乗員凍死リスク

　バッテリー過熱暴走による爆発炎上とは真逆の、低温下での性能低下が招く問題もある。まだ記憶に新しいが、2021年1月に北陸地方で豪雪があり、高速道路で立ち往生した1500

台以上の車が２日間身動きできず、多くのドライバー及び同乗者が車中泊を強いられた。

　もしここに EV 車が巻き込まれていたら低温下での動力性能低下と暖房による急速なバッテリー消耗でより深刻な状況に陥ることも考えられる。最悪の場合凍死という事態も起こり得る。

　更にバッテリーが完全に放電して空になった状態の EV は再充電が不可欠だが道路上では充電困難なため道路復旧の大きな障害になる。ガソリン車（HV を含む）であれば１L のペットボトル１杯のわずかな燃料があれば15〜20km は走行できるので道路開通時の脱出も容易だ。

豪雪での渋滞（イメージ）

4）電解液中の希少資源コバルトの争奪戦

　Li-ion 電池の電解液には希少金属のニッケル、リチウム、コバルトが不可欠。この中で特にコバルトはアフリカのコンゴ民主共和国（旧ザイール）が産出量の66％を占めている。コバルトは塵肺症を引き起こす毒性を持っているので採掘にはしっかりした防護具が必要だが、現地では貧困から多くの子供が粗末な装具で長時間作業をさせられているのが実態のようだ。地域柄テロリストの資金源になり闇社会の利権が絡んだ争奪戦が起こる可能性もある。

　現在世界中に約700万トンしかないといわれるコバルトは他の鉱脈が発見されない限り、EV の生産台数が増えた場合に、数年で枯渇してしまう心配もある。EV バッテリー1台当たり約10kg のコバルトが使われるらしいが、その場合最大でも7億台の EV しか賄えないことになる。

　現在、世界の車総台数が12億台、そのうち乗用車が10億台といわれているので、世界の乗用車だけですら EV 化はできないことになる。もちろん既に使用済み廃バッテリーからのリサイクル回収技術の目途も立ってきているらしいので現実に枯渇することはないと思われるが、このリサイクルの過程で新たに大量の余分な CO_2 を排出することは避けられない。

　地球温暖化防止の声の高まりで一躍脚光を浴びている EVだが、そもそもルーツは100年以上前のアナログ電気自動車。当時のものとは似て非なる高性能とデザインでさっそうと登場してはみたものの、実用性というか使い勝手はいまひとつで、昔と同じように主役にはなれず脇役用途に甘んじる運命なのかもしれない。

８．CO₂排出目標に占める自動車の比率

CO₂世界総排出量335億トン、そのうち自動車排出は38億トン

　環境省によれば2018年のCO₂世界総排出量335億トン中、日本は約11億トン（3.2%）で、中国、米国、EU（28か国）、インド、ロシアに次ぐ世界6番目の排出国となっている。

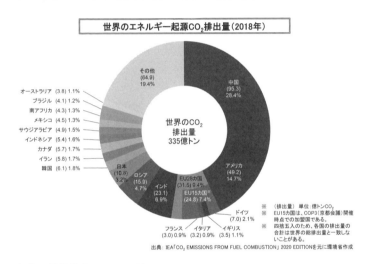

世界のエネルギー起源CO₂排出量（2018年）

世界のCO₂
排出量
335億トン

中国 (95.3) 28.4%
アメリカ (49.2) 14.7%
EU28カ国 (31.5) 9.4%
EU15カ国 (24.8) 7.4%
ドイツ (7.0) 2.1%
イギリス (3.5) 1.1%
イタリア (3.2) 0.9%
フランス (3.0) 0.9%
インド (23.1) 6.9%
ロシア (15.9) 4.7%
日本 (10.8) 3.2%
韓国 (6.1) 1.8%
イラン (5.8) 1.7%
カナダ (5.7) 1.7%
インドネシア (5.4) 1.6%
サウジアラビア (4.9) 1.5%
メキシコ (4.5) 1.3%
南アフリカ (4.3) 1.3%
ブラジル (4.1) 1.2%
オーストラリア (3.8) 1.1%
その他 (64.9) 19.4%

※　（排出量）単位：億トンCO₂
※　EU15カ国は、COP3（京都会議）開催時点での加盟国である。
※　四捨五入のため、各国の排出量の合計は世界の総排出量と一致しないことがある。

出典：IEA「CO₂ EMISSIONS FROM FUEL COMBUSTION」2020 EDITIONを元に環境省作成

出典：環境省ホームページ
http://www.env.go.jp/earth/201222_co2_emission_2018.pdf

　次に日本の自動車CO₂排出状況を見てみよう。
　次の図表は国土交通省が発表している2019年度日本国内の運輸部門が排出するCO₂排出量を表している。この中で自動車からの排出量割合は運輸部門全体の86.1%で1億7,736万トンである。これは日本のCO₂総排出量11億800万トンの16%となる。

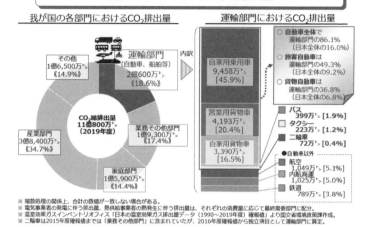

※ 端数処理の関係上、合計の数値が一致しない場合がある。
※ 電気事業者の発電に伴う排出量、熱供給事業者の熱発生に伴う排出量は、それぞれの消費量に応じて最終需要部門に配分。
※ 温室効果ガスインベントリオフィス「日本の温室効果ガス排出量データ（1990〜2019年度）確報値」より国交省環境政策課作成。
※ 二輪車は2015年度確報値までは「業務その他部門」に含まれていたが、2016年度確報値から独立項目として運輸部門に算定。

出典：国土交通省 HP

https://www.mlit.go.jp/sogoseisaku/environment/sosei_environment_
tk_000007.html

　この日本の統計から自動車1台当たりのCO_2排出量原単位を逆算してみる。日本自動車工業会の「世界自動車統計年表2020」の各国の自動車保有台数と年間自動車走行台キロ（1年間の総走行距離）表から日本のデータを見ると、2019年自動車保有台数は7,817万台、年間総走行距離は7,446億kmとなっている。したがって日本の車の1台当たりの年間走行距離は7,446億km÷7817万台≒1万km／年となる。

　そして車1台が排出する年間CO_2は1億7,736万トン÷7,817万台≒2.3トン／年。

　したがって車が1km走行当たり排出するCO_2は1億7,736万トン÷7,446億km≒238g／kmが導かれる。

2019年自動車排出CO₂まとめ

NO.	項目	2019年実績	算出式
①	自動車CO_2総排出量	1億7,736万トン	
②	自動車保有台数	7,817万台	
③	年間総走行距離	7,446億km	
④	年間走行距離/車1台	9,525km/年	③/②
⑤	年間CO_2総排出量/車1台	2.268トン/台	①/②
⑥	車1km走行当りCO_2排出量	238 g /km	①/③

　前章のプリウス、リーフ WLTC 燃費比較表の参考対比に載せたガソリンエンジン車カローラのCO_2排出量159g／kmが、渋滞、エアコン等の実走行マージンを加味すると実質排出量として238g／km になってしまう。カタログ燃費がいかに現実と乖離した値かを改めて思い知らされる。実走燃費はWLTC 燃費の70% 以下ということになる。例えばプリウスWLTC 燃費が32.1km／L ということは、実走燃費は22km／L ぐらいということになるだろう。

　この数値を世界自動車全体に当てはめて CO_2 総排出量を算出してみる。

　2018年現在の世界の自動車保有台数は約14億台[1]で、これらの年間総走行距離はおよそ16兆 km／年[2]。

　この総走行キロに自動車の実質 CO_2 排出量を238g／km[3]として CO_2 排出量を計算すれば16兆 km／年×238g／km ≒38億トン／年となる。

　したがって世界 CO_2 総排出量に占める割合は38億トン÷330億トンでおよそ12% ということになる。

仮に EV 化で本当に CO_2 排出量 0 が可能になったとして
も世界全体から見ればたった12% の節減効果しかないのだ。

　現行のエンジン自動車の EV 化に各国、各メーカーが血道
を上げて取り組むことの是非を改めて見直す必要があるので
はないか。

　「4．EV 化の先にある社会＆経済問題」で述べたような雇
用喪失、GDP 減退等の社会への甚大な悪影響を考えれば、
EV 化がいかに不毛で空しい愚かな行為か。

　そして EV から CO_2 を出さないようにするため各国とも
原発増設が不可避となり地球温暖化よりもっと恐ろしい放射
能汚染の深刻な社会問題を抱えることになる気がしてならな
いのである。

　そもそも CO_2 削減のための EV 化は気候変動枠組条約締
約国会議のパリ協定から始まった動きであることを考えれば、
上記のような EV 化がもたらす深刻な問題を改めて次回の国
際会議で議論し EV 化の功罪を徹底検証すべきであると考え
る。

＊1　参考：http://JAMA jama.or.jp
＊2　IRF（国際道路連盟）"Worldroad statistics2019" 掲載データから
中国、ロシア、ウクライナ、ポルトガルの数値を補正して筆者が算定
＊3　公益法人自然エネルギー財団「EV 普及の同行と展望」に掲載の
ICCT 燃費規制推移グラフを参考に筆者算出

9．そもそも地球温暖化問題とは何か
CO_2と地球温暖化の因果関係は立証されたものか

　温室効果ガスCO_2を減らすために今、世界中で自動車 EV 化戦争が起こっているのだが、なぜそのようなことになったのか。その理由、背景についてここで改めて確認しておきたい。

　そもそも「温室効果ガスCO_2」という表現には、すでに「CO_2が地球温暖化を引き起こす」というニュアンスが含まれている。

　しかし地球温暖化の兆候は事実としても、その原因がまだ「大気中のCO_2濃度上昇が原因で地表温度上昇を招いている」のか「別の理由による地表温度上昇が大気中のCO_2濃度上昇を引き起こしている」のかすらはっきりしていないのだ。

　あくまでも最近の世界レベルの異常気象による酸性雨、熱帯林の砂漠化あるいは海水温上昇等が、大気中のCO_2濃度の上昇が原因であると主張する一部の気象学者による一つの学説にすぎない。

　これらを実証する科学的根拠は現時点でははっきりしていないため、これを真っ向から否定している学者も各国にはたくさんいて真偽のほどはまだよく分かっていないのだ。

　ただし原因が特定できないにしても温暖化が進行していることは事実であり、これが産業革命以降の人口爆発とそれに伴うエネルギー消費の膨大な伸びに関連性があることは容易に想像できる。とりわけ20世紀初頭で20億人以下だった地球上の総人口は直近の100年間でおよそ４倍に増え、現在は72

億人ともいわれている。地球の人口収容能力がどれほどかは
よく分からないが、少なくともキリスト生誕当時1～2億人
だったとされている総人口が19世紀初頭までの2000年で10億
人前後までゆっくりと増えてきた。それが爆発的に100年間
で70億人超となっている現実から類推すれば、家畜の餌も含
めた食糧キャパシティで考えても、せいぜい100億人くらい
が限界なのではないか。100億人到達は、現在の人口増が指
数関数的に進んでいることを考えればあと50年後ぐらいかも
しれず、2070年ごろには地球上の人口は飽和状態を迎えるこ
とになるかもしれない。

　14章でも触れているが、現在の化石エネルギー（原油、天
然ガス）が底をつくまであと50年となっており、ちょうど地
球の人口飽和時期と符合する。ちなみに石炭はまだあと150
年ほど残っているといわれているがこれもまた限りあるエネ
ルギー資源だ。

　本書で地球終末時期を予測するつもりはまったくないが、
冷静に考えてみればこれは決してあり得なくない空恐ろしい
ことではないか。

　現在「地球温暖化防止」というキーワードで世界中が
CO_2をはじめとする温暖化ガス削減のため数々の施策を打ち
出し推進している。自動車の電動化ももちろんその一環の動
きだ。

　2050年までに各国がパリ協定の目標を達成し、地球表面温
度を1.5℃以内に抑えることは気候変動リスクを最小限に抑
えるために必要な措置であろうが、他にも、来るべきエネル
ギー源枯渇及び人類の食糧不足にどう対応しようとしている

のか議論するための新たな枠組みが必要だろう。

「木を見て森を見ず」という諺の如く、国連は問題の本質を
とらえて世界にメッセージを発する責任がある。

　誤解を恐れず言えば、今は「地球温暖化防止のために温暖
化ガスを減らす」などと悠長なことを言っている時ではなく、
「地球人口爆発と迫りくるエネルギー枯渇対策としての次世
代エネルギー創出」を世に投げかけなければならない時だと
思う。

10. 後手に回った地球温暖化防止への日本の取り組み

マドリードCOP25で晒した赤っ恥

　温暖化ガス排出０で廉価なクリーンエネルギーとされてきた原子力発電が2011年３月の東日本大震災の際の原発放射能汚染事故により取りかえしのつかない未曽有の大惨事を引き起こした。

　世界を震撼させたこの事故は、10年近く経った今も放射能汚染の甚大な被害が多くの人々を苦しめている。この事故が一つの大きなきっかけとなって世界中で再生可能エネルギーへのシフトが急速に進んでいる。しかしながら2018年時点で世界総電力需要がおよそ27兆kWhといわれているが、そのうち原子力発電が約10%を占めており、原子力発電所は世界で合計440基以上が稼働している。これをすべて停止して再生可能エネルギーに置き換えることは容易なことではない。しかし、核軍縮不拡散条約のような取り決めをしてでも脱原発のための国際合意を取り付けなければ、今後地球温暖化防止のためのCO_2排出規制の強まりによる各国の原発増設に歯止めをかけることはできないと筆者は考える。

　ただ、世界気候変動の波は確実に押し迫ってきており地球温暖化の原因物質とされているCO_2削減が世界各国の喫緊のテーマとしてクローズアップされていることは今や世界の共通認識となっている。

　パリ協定で発効した世界各国の温暖化ガス低減計画の確実な遂行は、国家の義務として組み入れられており後退は許されない。

　更に最近ではパリ協定の目標値も大幅に上積みを求められ、日本政府も先月4月に2030年の削減目標を2013年比26%減だったものを一気に46%にする方針を打ち出した。

　その結果、各国が挙って確実に安く炭素を減らせる原発に走る可能性が強まっているのだ。

　2019年9月、スウェーデンの16歳少女の環境保護活動家グレタ・トゥーンベリさんがニューヨーク国連本部で開かれた「気候行動サミット」で行った演説が大きな話題になった。彼女が「あらゆる生態系が壊れだして、私たちは大絶滅の始まりにいるにもかかわらず、あなたたちは口を開けばカネのことや、いつまでも続く経済成長などというおとぎ話ばかりだ。よくもそんなことが言えるものだ」と各国首脳を前に言い放った講演には、賛否両論はあるにせよ「地球温暖化」問題がそれほど深刻な段階に入っていることを世界に改めて認識させる強いメッセージとなったことは確かだ。

　ただし「CO_2が地球温暖化の犯人」と断定したかの如くそれを世界中に知らしめるため、ニューヨーク国連気候行動サミットの場に年端も行かない女の子を登壇させて各国首脳の前で口汚く温暖化防止が進まないことを糾弾させるような行為を国連が主導したことは大変大きな問題ではないかと筆者は思う。

　彼女が涙を流しながら訴える映像は YouTube でも世界中に配信され、テレビ、新聞でも大きく報道され反響を呼んだが、一方でこのような行為は温暖化防止ビジネスに群がる各業界が仕掛けたプロパガンダではないかという勘ぐりも生みかねない。

日本が1997年地球温暖化防止に関する京都議定書の採択を主導した当時は、世界有数の省エネ大国として日本はそれなりにリーダーシップを発揮していた。

　その日本が14年後の2011年３月11日に発生した東日本大震災で、あの忌まわしい福島原発事故を発生させてしまった。にもかかわらず、代替電力を再生可能エネルギーではなく安価な石炭火力発電に委ね、更に一旦は原子力発電をすべて止めたにもかかわらず再びじわじわと原発を再稼働させ今では全体の５～６％まで復活させてしまっている。日本はインドネシア、ベトナムといった東南アジア諸国でも石炭火力発電所の建設を積極的に支援推奨している。このことに対しては、すでに2015年のCOP21パリ協定でも脱炭素の流れに逆行するような振る舞いとして非難を受けているが、その後も日本がこれといった対策を打たず手をこまねいていた結果、一昨年12月のCOP25マドリード気候行動会議で「化石賞」という名の警告を受けることになった。一度目は12月３日梶山弘志経済産業相が閣議後の記者会見で「石炭火力を今後も継続していきたい」と発言した時。そして二度目は小泉進次郎環境相がマドリードへ現地入りして行った11日のスピーチで「日本に脱石炭政策の新しい方向性は当面ない」とダメ押しの発言をしたことが警告受賞の理由である。

　化石賞とは、温暖化防止に消極的な国に出される「イエローカード」のようなもので、CAN（気候行動ネットワークというNGO）がCOP会期中に温暖化防止に消極的な発言をした国を選定して授与している。ちなみに地球温暖化防止に後ろ向きな当時のトランプ米国はこの会期中に６度も受賞

しており、完全に「レッドカード」状態となっているが。

　いずれにしても今、日本は気候変動問題に対してリーダーシップを発揮する優等生どころか今はCO_2をまき散らす劣等生になりさがっているのだ。島国で気候変動の影響を他のどの国よりも大きく受ける日本こそもっと積極的に行動を起こさなければならないのに。

　たまたま日本はあの福島原発事故を受けて総発電量の20%を担っていた原発を順次停止させ、2014年には一時的ではあるが全停止した実績がある。その後少しずつ増えて今はまた６％前後に戻ってしまっているが、その気になれば原発０維持は可能だったはず。ただ、現在はこの穴埋めに石炭火力を増やしているのが現状だ。パリ協定で最後まで廉価な石炭火力継続を主張して合意を拒み続けたインドでも最後は太陽光シフトを受け入れたのに、なぜ石炭火力発電を増やすのかという点が不甲斐なく日本が温暖化防止に消極的と受けとられたのであろう。

　この点について、筆者は石炭火力よりむしろ原発を再び稼働し始めた日本の政府方針にやり切れない残念な思いが強かった。福島であれだけの悲惨な原発事故を起こした日本なら環境団体が何と言おうと脱原発のためには石炭火力もやむを得ないと主張すればいいではないか。世界唯一の被爆国でもあり、福島の事故も考えれば、日本が原子力抑止のためにやむを得ず緊急避難として石炭発電を継続すると言えば、きっと理解が得られるはずである。

　かねてより地球温暖化に懐疑的な意見を持っていた米国トランプ大統領（当時）は2017年６月「パリ協定がアメリカに

不公平な経済負担を強いている」という理由でパリ協定離脱を宣言してしまった。世界中の温暖化ガス総排出量の15%を占めるアメリカの離脱で地球温暖化防止は大きく後退したが、昨年末にトランプが2期目の大統領選で敗れ、民主党バイデン政権に代わるやいなやアメリカはパリ協定に復帰したため結果的には大きな影響はなかった。

　おそらく当時のトランプ大統領は、今の世の中には地球温暖化よりもっと優先度の高い課題が山積しておりその最たるものが「核」と「テロ」の脅威だと考えたのではないか。その点はまったく同感だ。世界が所有する1万個超の核弾頭が炸裂するような世界終末戦争はもちろんご免被りたいが、平和利用のはずの原発も、現在世界に何百基とあり、テロも含め自然災害、老朽化等で放射能漏れ事故があちこちで発生すれば放射能汚染により地球上に多くの被曝難民があふれることになり、地球温暖化どころの騒ぎではなくなるのだから。

　万が一、アルカイダやISのような国際テロリスト集団が世界各国の原発に同時多発攻撃を仕掛ければ、大規模放射能汚染が地球上の人類すべてを短時間に破滅に追いやってしまう。じわじわと進行する地球温暖化とは桁違いの脅威なのである。地球温暖化防止活動は、脱原発が大前提であることを世界中が改めて強く認識しなければならない。現在世界で2,700tWh（2兆7,000億kWh）もの巨大な電力エネルギー源になっている原発の火を一刻も早く消すためには、膨大な時間と費用のかかる再生可能自然エネルギーはこの問題の現実解にはなり得ない。アル・ゴア元副大統領やグレタ・トゥーンベリさんから叱られるかもしれないが、原発廃止を最優先

課題とするためにとりあえず代替電力はコストの安い石炭火力で凌ぐという選択肢も現実解としてはあり得るのではないかと考える。

　世界が原子力の力を借りずに完全な炭素フリーのエネルギーを得られるようになるためには、太陽光、風力、地熱等の現行再生可能エネルギーだけでは困難で、次世代新エネルギー開発が必要である。地球温暖化防止を主張する環境団体が再生エネルギーへの性急な切替えを時間軸抜きでヒステリックに叫び訴えるだけでは何の解決にもならないどころか、かえって各国に原発増設の免罪符を与えることになってしまう。

　パリ協定も2050年までの時間軸で行動を規定しており、各国がこれを遵守すればとりあえず地球温度上昇は1.5℃前後に抑えられるはずである。脱炭素新エネルギー開発までにはまだ十分な時間は残されていると考えてもよいのではないだろうか。

11. 世界で唯一の被爆国日本が果たすべき役割

魔性の核エネルギー原発頼みの CO_2 削減はあってはならない

　日本は76年前の広島、長崎の原子爆弾被爆と10年前の福島原発事故という未曽有の甚大かつ悲惨な過去を持つ国だ。しかし核の脅威で世界にゆさぶりをかける、ならず者国家北朝鮮、そして中国、ロシアのような覇権国家を目指して急速に軍拡を進める大国を隣国に持つ日本は、今もアメリカの核の傘下を余儀なくされ、核兵器廃止条約を批准できずに忸怩たる思いでいるのだ。

　非武装中立の平和憲法下の日本は核武装はご法度だが、せめて原発は日本から廃絶し世界に範を示してほしい。現実に福島原発事故後の2014年には一旦原発０を達成している。

　しかし残念ながら筆者のこの思いが完全に裏切られた残念な報道が2021年５月14日の朝日新聞に掲載された。経産省が発表した2030年度の電源構成計画では、昨年時点で６％弱であった原発比率が20〜22％と大きく引き上げられていたのである。

　パリ協定の CO_2 削減目標は、そもそも2030年度までの中期目標は2013年度比26％減であったものを、国際協調のプレッシャーもあり菅総理が苦し紛れに46％削減を打ち出した（と、筆者は理解している）。これを達成するためには、CO_2 を発生させる石炭、石油、LNG 他合計75％の化石燃料での発電比率を一気に40％まで押し下げるため、結局原子力を増やさざるを得ないということだったのであろうが、あまりにも安易な妥協といわざるを得ない。

　繰り返しになるが、今日本に求められている最も重要な役割は、「地球温暖化防止は重要だが、その前にまず核の脅威を取り除くのが先決だと主張し行動すること」だと思う。その上で、地球温暖化防止についても日本が他国に先駆けてより高い目標「原発に頼らない脱炭素」を掲げて具体的な行程表を提示することが最も大切なことではないだろうか。

　先のスペインマドリード COP25 でも日本が福島原発事故を取り上げ「二度と同じ事故を発生させないために、日本の温暖化防止は原発廃止を前提に進めることを基本方針とする。そのために代替電力確保のためやむを得ず一時的に石炭火力へシフトすることもあり得るが必ずや再生可能エネルギーへ回帰しパリ協定の温室効果ガスコミットメント値を期限内に達成する」と声高に訴えていれば世界の受け止め方はまったく違ったものになったに違いない。

　コロナ禍で2021年11月に延期された COP26（英、グラスゴーにて開催）で、日本は改めて強い意志を表明し、先の2019年スペイン COP25 で温暖化防止後進国のレッテルを張られた汚名返上を願いたいものだ。

12. 自動運転と EV 化
過信、誤操作を誘発する「自動運転」がもたらす
悲惨な事故をどう防ぐか

　自動車が電動化されると、何か技術が格段に進歩して自動運転がすぐにできるようになるとか、スマホかパソコンのような感覚でいつでもワンプッシュでシステムをアップデートして最新の状態で運転から解放されるような勘違いをする人も出てくるのではないかと心配になる。

　昨今盛んに登場する「CASE」という語句の意味はご存じだろうか。

　これは数年前ドイツのメルセデス・ベンツが初めて使ったもので、「Connected（コネクテッド）」「Autonomous（自動運転）」「Shared & Services（シェアリングとサービス）」「Electric（電動化）」の頭文字を並べたもの。将来の自動車の目指す先を端的に表しているため、以降自動車業界各社の共通語になったものらしい。

　まさに CASE は今、世界の車メーカーが目指している方向性を表しており、この中に Autonomous（自動運転）、Electric（電動化）という言葉が含まれていることから自動運転＝ EV 化というイメージが定着化したのかもしれない。テスラが自動運転に固執する理由も案外この辺りから来ているのかもしれない。

　前置きが長くなってしまったが「自動運転」は電動化によってのみ可能になると誤解をする人もいるかもしれないので

ここで少し触れておきたい。

まず自動運転とは具体的にどういうことか。

国土交通省の自動運転レベル基準によれば、レベル1～5までの5段階に規定されている。現在の日本ではまだ多くがレベル0すなわち手動運転車であることはお判りと思うが、念のため。

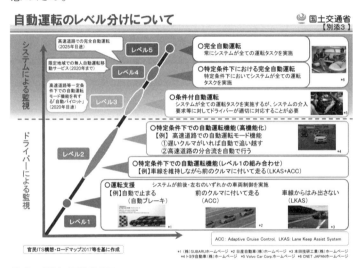

出典：国土交通省 HP
https://www.mlit.go.jp/common/001226541.pdf

今日本でも日産自動車はじめスバルも盛んにテレビCMで自動運転を宣伝している。特に日産は同社のEVがあたかも手放しで走れる「レベル3ないしは4の自動運転」が可能になったかと錯覚するような内容のCMが多いのでユーザーは注意すべきだろう。ホンダが世界初のレベル3のレジェンドを2021年3月に発表したが、それ以外はまだレベル2以

下の車しか世の中には存在しないのである。

　日本でも自動運転でよく知られているテスラEVは「Auto Pilot」という自動運転装置（ハード＆ソフト）を100万円前後の価格でオプション販売している。テスラ購入者の多くはこのオプションを注文装備しているが、この機能が自動運転レベル２であることはあまり知られていないのではないか。Auto Pilot で運転中の悲惨な死亡事故がアメリカですでに３件発生していることがそれを物語っているといえよう。

　いずれの事故も車体は原形を留めないほど大破し目を覆いたくなるような姿であるが、この３件の事故について米道路交通安全局（NHTSA）からは、いずれの事故も自動車メーカーテスラの責任が問われたというような話は聞こえてこない。
　実際は「Auto Pilot」というレベル２の自動運転システムを過信したドライバー側の責任ということで「居眠り運転」、「わき見運転」と同列に扱われているのではないかと推測する。しかしシステム名が全自動運転を連想させる Auto Pilot で、100万円ものお金をかけた消費者が勘違いを起こすのも無理からぬ面もあると思う。いずれにしても、もしこの事故で他人を巻き添えに殺傷していたら誰がいったいどの程度の責任を負うのかよく分からないが、空恐ろしい話である。
　お国柄の違いであろうが、もし日本でこんな凄惨な死亡事故が同一車種で５年間に３回も起これば事故原因の真相究明と再発防止策が打たれない限り、少なくとも当該車種の生産中止は避けられない。場合によってはその自動車メーカー本

体も業務上過失致死等の法的処分で操業停止に追い込まれる
かもしれない。

　そういった意味では前述の日産、スバルそして今年レベル
３のレジェンドを出したホンダは「自動運転車」に潜む不測
の事故には細心の注意を払う必要があると思う。

　米国では自動運転に関連した事故が2018年ごろから急増し
ているにもかかわらず、シリコンバレーのIT大手が持ち前
のビッグデータを駆使した自動運転技術開発で覇権争いをし
ている状況のようだ。彼らは最近では自動車自社生産も視野
に入れて韓国や中国の自動車メーカーに接近しているらしい。
彼らの絶大な資金力をもってすれば、全自動運転ソフト搭載
のスマートEVの開発、量産はすぐにでも可能であろう。圧
倒 的 な ブ ラ ン ド 力 も あ り あ っ と い う 間 に「Google
Autonomous Vehicle」,「Apple Driverless Vehicle」といっ
た車が巷にあふれることになるかもしれない。

　そういえば日本でもソニーが自動運転EVへの参入を本格
的に検討しているというニュースが流れた。すでにVISION
-Sという試作車も完成しているらしい。

　IT業界から見れば自動車もハードをソフトで動かすスマ
ホ、パソコンと同様の端末機器とみなし、何か不具合が起こ
ればすぐにソフトを修正アップデートして対策完了といった
感覚でとらえているのかもしれない。リコール等の市場品質
不具合に対する厳格な製造者責任を認識する文化が基本的に
ないIT勢が自動車を作り始めればどんな市場不具合が発生
するか見当もつかない。IT企業に限りなく近いテスラの自
動運転プログラムの不具合が引き起こしている数々の交通事

故がそれを我々に予見させているのではないかと思えてくる。

　このように車がEV化され、そこへITの巨人企業が自動運転という技術を武器に自動車産業に参入してくれば、また日本にとってEV化の波とは違う新しい大きな脅威となるに違いない。

　この方面にもあらかじめ周到な備えを日本の自動車メーカーはしておかねばならない。

　確かトヨタ自動車が運営するHP「トヨタイムズ」内の「モリゾウのつぶやき」にあったように思うが、「自動運転は無人運転車を何台も集めてレース場で競争させ24時間耐久のようなテスト走行を無事故で走り切れるくらいの安全性、信頼性が確認できて初めて成り立つもの」と考えるべきであろう。

　自動運転レベルを何段階作っても意味がなく、かえって消費者の勘違いを誘発するだけではないかと思う。あくまでも自動運転技術は人間が運転から解放されるためのものではなく、人間のポカ（不注意、うっかりミス）を避け、事故を未然に防止する冗長安全フェイルセーフ機能ととらえて進化させるべきものではないか。

　自動運転車は英語でもAutonomous vehicle、Self-driving vehicle、Driverless vehicle等、色々な表現があるようだがいずれも自動車が高度なAI知能を持って自在に走り回る車というイメージがあり誤解を招きやすい。少なくとも「レベル2」までは高性能ブレーキ機能が装着されただけの車で、およそ自動運転とは呼べない代物だ。国も厳しく規制しないと、この先とんでもない事故を引き起こすことになりかねない。

13. 真の次世代環境対策車とは

水から抽出した水素による燃料電池車 FCV か水素エンジン車

　現存する車で最も環境負荷の低い車はバッテリー充電式の EV ではなく、プリウスに代表される HV であることは今まで説明したとおりである。HV 普及は現在の自動車産業構造をそのまま温存できるだけでなく、エネルギー回生のシステムが付加価値として加わることで GDP の押し上げ効果も大きく期待できる。

　しかしながら内燃エンジンにモーターを組み合わせて回生エネルギーを最大限利用しただけの HV では所詮排出 CO_2 を半減させることはできても排出を0にすることはできず、究極の次世代環境対策車にはなり得ない。科学技術の進歩によりこの先、想像もできないようなエネルギー革命が起こらない限り現時点で最もゼロエミッション次世代車に近いのは今のところ水素燃料電池車 FCV しかないのではないかという気がする。

　FCV については、先行するトヨタがすでに2014年に「ミライ」を市場に投入、次いでホンダ「クラリティ」、韓国の現代自動車「ネクソ」が続いているが、現時点ではこの3社を除いてまだ世界で量産できる技術を持つメーカーはない。

　そんな中、トヨタは今年6年ぶりに2代目ミライ新型を発表し、本格的な量産に向けて動きを加速している。バッテリーEV の実力、限界をよく知っているトヨタが FCV に力を入れる理由はおそらく将来のバッテリー式 EV の行き詰まりを見定めての行動だと思う。

FCV は水素を燃料とし、空気中の酸素と反応（水の電気分解の逆）させてこれを電力として取り出し、モーターを駆動させて走る車だ。カテゴリー上は EV であるが、大型バッテリーを搭載しないため、燃費（電費）もよい。そしていうまでもなく最も素晴らしいのは排出ガスが水（水蒸気）のみであること。更にあまり知られていないが、反応に必要な酸素を外気から取り込むため吸入口に高性能な空気清浄機が搭載されており、有害な PM2.5 をはじめ SO_2、NO_2、NH_3 などの不純物を取り除き、走れば走るだけ外気をきれいにする空気清浄機の働きもするまさに次世代クリーンエネルギー車なのだ。

　ただ現時点ではまだ水素を低炭素で廉価に生成する方法が確立されていないので、この車が将来の次世代環境対策車になり得るかどうかは未知数な面もある。しかしながらこの先、水素 FC（燃料電池）が地球規模のエネルギー革命をもたらす最も大きな可能性を秘めた技術であることは間違いない。

　今、血眼になって自動車各社がバッテリー充電式 EV の開発競争を繰り広げているが、この際、当面の CO_2 排出削減は迅速かつ確実に排出量を半減できる HV 化で凌ぎ、将来の次世代エネルギーとして大きな可能性のある水素生成法と FCV 量産実用化に向けた研究に資源を投入すべきではないかと考える。

　もちろん EV もここまで培ってきた技術を生かして用途を限ってうまく活用していけばよい。例えば小型 EV は「街乗り」の他、「災害発生時の家庭用非常電源」といった使い勝手を考えれば非常に重宝な乗り物になる。日本では小型で経

済的な軽自動車の人気が高く、地方では車全体の50%以上
の普及率といわれているが、これを小型 EV に置き換えてい
けば、将来かなりのまとまった需要が見込めるはずだ。この
用途なら EV の弱みである走行距離、充電時間の問題はさほ
ど苦にせず誰もが気軽に便利に使うことができる。

　これからの自動車の進むべき道筋はそれぞれの自動車メー
カーに任せるだけではなく、国策として政府が主導して示し
ていかなければならない。

　水素 FCV の話に戻る。日本ではトヨタが「ミライ」、ホ
ンダが「クラリティ」で量産車への展開を視野に力を入れて
いるが、これを国家レベルで支援し、その技術力を武器に日
本が水素燃料電池車で世界のリーダーシップを発揮できるよ
う推進すべき大きなプロジェクトではないだろうか。

　水素プロジェクトは裾野が広くトヨタ、ホンダといえども
民間企業だけの力で独自に世界に普及させられるほど生易し
いものではないからだ。

　燃料電池だけでもセパレータ、触媒の開発と素材調達先の
確保等、多岐にわたる周辺技術開発テーマが目白押しの中、
更に超高圧水素タンクの量産はじめ車を走らせるための周辺
インフラ水素燃料ステーション普及も大きな仕事である。廉
価な水素燃料の調達配送等異業種との連携をよほどうまく進
めない限り、夢の水素エネルギーははかない白昼夢となって
消えてしまうであろう。そして燃料電池車普及の上で最も大
きなハードルは燃料である水素の生成だ。大量に廉価に生成
された水素が手に入らなければ何も始まらない。

　もちろん現在のような化石物（炭化水素系の石油、LNG）

を変成する方法は脱炭素の観点からはナンセンスであり、唯一の無炭素水素生成原料は水（H_2O）しかない。すなわち水を電気分解して抽出するしか他に方法はなく、これからの課題はいかに安く大量に水を電気分解するかということに尽きるのかもしれない。

　水素の目標単価を HV プリウスの燃費と同等の燃費として換算すれば約700円／kgH_2（WLTC カタログ燃費プリウス32.1km／L、ミライ152km／kgH_2 から換算：152km／kgH_2÷32.1km／L ×140円／L ＝663円／kgH_2）になる。

　現在の水素生成技術では十数倍以上のコストがかかるらしいのでそれではまったく話にならない。新しい発想で水素を炭素フリーで安く生成する方法を是が非でも開発しない限りFCV に未来はないともいえる。

　環境に優しい FCV を将来的な自動車産業の中心に据えるためにも、技術立国日本の本領を発揮して日本国内で水素を１次エネルギーに格上げできるような画期的な技術を開発していただきたいものだ。

　ちなみに現在、１次エネルギーは化石エネルギー、原子力発電エネルギー、再生可能自然エネルギーの３種しかない。現時点では、確実な水素確保の方法は地球上に無尽蔵にある水（H_2O）の電気分解によって水素を取り出して貯蔵するという方法以外ないと言われている。これに必要な電力はCO_2を出さない太陽光パネル、風力、地熱等の再生可能エネルギーで賄えば良い。

　これらの再生可能な電気エネルギー（電力）は現在すでに新電源として売電用途に供されているが、天候の影響を受け

供給が不安定な欠点があり実用的にはまだ問題点も多い。

　そこでこの電力を水素生成用の電気分解に使いそのまま水素ガスとして貯蔵するようにすれば水素燃料の安定的な供給源となり得るのではないか。

　水素の生成にはまったく無知の私が稚拙な着想に基づいて試算した結果を、参考までに以下紹介させていただく。

　太陽光発電協会 JPEA の情報によれば 1 kW の出力の太陽光パネルが 1 年間に産出可能な電力は約1000kWh とのこと。そして水の電気分解で得られる水素は NEDO 文献によればおよそ 1 Nm³水素／5 kWh なので、重量換算すれば18g／kWh となる（水素1N m³重量：1 m³÷22.4L × 2 g（水素分子1 モル重量）÷90g）。

　1 kW 出力の太陽光パネルを屋根に設置しておけば、得られる電力が1000kWh であり結果年間18kg の水素が産出される。これをトヨタミライの WLTC 燃費152km／kgH₂ で換算すれば、年間およそ2,700km 走行できる勘定になる。

　ちなみに日本の車 1 台の平均走行距離を約 1 万 km とすると、おおむね 4 kW 出力相当の太陽光パネルがあれば賄える。太陽光パネルは標準サイズ1m ×1.5m が0.25kW とのことなので 1 年分の自動車走行に必要なパネル枚数は 4 kW ÷ 0.25kW／枚で16枚となる。パネル総面積にして1.5m²／枚× 16枚で24m²。1 戸建て一般家屋の屋根ならほぼ設置可能な面積だ。各家庭の屋外にこの電力を使った小規模な水素発生用電気分解槽を設置し、ここから抽出される常圧の水素を一か所に集めて一時的に圧縮貯蔵して定期的にガス会社に販売するなど実用化の可能性もゼロではないと思うのだが……。

水素利用実用化については日本もずいぶん昔から色々な方式を検討してきているようだが、当時はまだFCVなどの利用技術が見通せずあまり本腰を入れて研究開発はされてこなかったようだ。

　菅政権がパリ協定の2030年CO_2排出量コミットメント値を46%減目標へと大きく修正したことは現下の国際世論を鑑みればやむを得ない決断だったと考える。であればその高い目標達成のための、例えば水素エネルギーの利用等具体的な脱炭素の取り組みを日程の入った推進計画として示すべきだろう。

　くれぐれも「脱炭素目標未達ならとりあえず不足分は原発で」などといった魂胆は捨てて、あくまでも原発抜きで（最悪でも現状維持4〜5%で）この高い目標を達成するようリーダーシップを発揮してほしいと願う。

14．2050年までの自動車電動化予測と提言

パリ協定最終年の電動車シェアナンバー１は？

これまでいろいろ述べてきた自動車電動化のまとめとして
パリ協定が目指す2050年までの、筆者の考えた世界の自動車
（乗用車）電動化予測を以下に示す。

2050年までの自動車電動化予測

		2019年	%		2030年	%		2050年	%
ICE	ガソリン	8498	92.6%		4749	45%		1193	10%
	水素	0			528	5%		1193	10%
HV	HV	429	4.7%		3694	35%		5966	50%
	PHV	57	0.6%		528	5%		597	5%
	小計	486	5.3%		4222	40%		6563	55%
EV	BEV	195	2.1%		844	8%		2387	20%
	FCV	―			212	2%		597	5%
合計		9179	100.0%		10555	100%		11933	100%

単位 万台

2050年時点ではまず内燃エンジン車（ICE）はCO_2削減の
ため必然的に大きく減少し93％が10％くらいまで激減する
と考える。ただこのころまでにはCO_2を出さない水素エン
ジン車が本格量産に入り10％前後まで数量を伸ばす。

HV車はこの時点でも自動車の主流を占めPHVを含めて
55％。

そしてEVは街乗りコミュータとしての役割で廉価な小型
EVが大きく需要を伸ばし20％程まで伸びる。特に軽自動車
人気の高い日本ではEV軽として格段に数量が増えると予想
される。

そして次世代EVの期待の高いFCVは5％前後と一定の
伸びは期待できるが、やはり価格及び耐久性では水素エンジ

ン車のほうに分があり思ったほど伸びないのではないかと考える。内燃エンジンがほぼそのまま流用できる水素エンジンは、これをHV化すればFCVより更に水素燃料消費も抑えられる可能性もあり、場合によってはこちらにすべて置き換わる可能性もある。水素FCは車よりむしろ家庭の小規模発電機としてのニーズが今後は高まっていくものと思われる。

　廉価な水素ガスが潤沢に供給できるようになれば高圧送電線も電柱も不要となり、未来都市にふさわしい景観がよみがえることだろう。心配な水素ガス漏れも、屋外設置型の水素発電機であれば万一漏れが起こってもすべて大気中に放散されるので爆発炎上は起こらない。

　最後にこれは私の提言として聞いていただきたい。地球上のエネルギー資源（特に石油、LNG）枯渇は50年後に来るといわれている（次頁「世界のエネルギー資源確認埋蔵量」資料参照）。

　核燃料のウランは魔性のエネルギーであり使用禁止とすべきで議論対象外、そして石炭は高炉以外の代替製鉄法が確立されるまでは欠かせない資源であるため温存する必要がある。したがって問題はあと50年で底をつくといわれる石油、天然ガスの代替エネルギー資源を創出すること。これが喫緊の課題であろう。

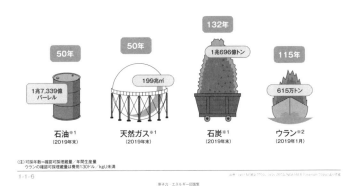

世界のエネルギー資源確認埋蔵量

50年
1兆7,339億
バーレル
石油※1
（2019年末）

50年
199兆m³
天然ガス※1
（2019年末）

132年
1兆696億トン
石炭※1
（2019年末）

115年
615万トン
ウラン※2
（2019年1月）

(注) 可採年数=確認可採埋蔵量／年間生産量
ウランの確認可採埋蔵量は費用130ドル／kgU未満

1-1-6

原子力・エネルギー図面集

出典　一般財団法人日本原子力文化財団「原子力・エネルギー図面集」

　多くの人たちが太陽光、風力に代表される再生可能エネルギーを真のクリーンエネルギーとして挙げるが、残念ながら電気エネルギーとしてバッテリーに貯蔵することは安定供給面及びコスト面を考えると現実解にはなり得ない。2020年時点では世界で約26％（日本は20％前後）と直近の伸びを見れば急速に比率は増えているが、これ以上増やそうとすれば途方もない費用と時間がかかり、すべてをカバーすることは到底不可能だ。それよりも現時点で最も大きな可能性があるのは前章でも述べたようにやはり一旦水素にして貯蔵する方法以外考えられない。

　地球上に無尽蔵にある水から再生可能自然エネルギーを使って水素を抽出してこれを石油、ガスに代わる次世代燃料にすることができれば人類は永遠のエネルギー資源を手にする

ことができるのだ。

すでに自動車の世界では水素 FCV あるいは水素を直接エンジンで燃焼させる水素エンジンは実用化の段階に来ており、その利用技術は民生分野にも広く応用のできるものである。都市ガスのように水素管を各家庭に埋設し必要に応じて FC スタックで発電し家庭用の電源として使うことができるのでこれが実現すれば災害時の停電リスクも大きく減らせる。都市部に無数に林立している電柱もすべて撤去できる。

そして水素による炭素フリーのエネルギーが安価に潤沢に利用できるようになれば CO_2 削減が進むのはもちろんだが、原発も廃止することができる。

原発がなくなれば核爆弾の原料になるプルトニウムも手に入らなくなりひいては核戦争のリスク軽減も期待できるのではないか。

各国がとりあえずパリ協定目標を達成すれば温暖化はこの先まだ100年くらいは安泰のはずだが、その前に石油、天然ガスは底をついてしまう。その前に是非とも廉価で大量に水素を生成、貯蔵する方法を開発しなければならない。

地球上に無尽蔵にある「水」から安く大量に水素を取り出す方法は神が人類に課した究極の難問ではないかと思うがきっと誰かが考え出してくれるに違いない。

繰り返しになるが地球温暖化がもたらす最も深刻な問題は地球表面のわずかな温度上昇ではなく化石燃料の枯渇でありその時は必ずやってくる。

水素エネルギーが本格的に普及すれば原発も廃止でき、現在の石油メジャーによる原油価格カルテルも消滅し世界のエ

ネルギー地図は大きく塗り替えられるであろう。

　近い将来、世界中の国が水を資源とした水素エネルギーで豊かに暮らせる日が訪れることを願いたい。

あとがき

昨年2020年初頭に発生した新型コロナウイルス Covid-19 がパンデミックを引き起こし、日本でも緊急事態宣言を繰り返しているがいまだに収束の目途は立っていない。頼みのワクチンもようやく高齢者にはほぼ行き渡ったものの、次々に発現する変異株にも苛まれワクチン未接種の若年層中心に患者が急増。東京都に４回目の緊急事態宣言が発出される中、しゃにむにオリンピック、パラリンピックを強行した菅総理は結局パラリンピック閉会式を待たずあえなく退陣に追い込まれることになった。自宅待機という事実上の医療崩壊に陥り、家族全員感染という悲惨な状況でも入院できず放置される多くの国民。新政権発足後のこの１年、なんら有効な対策が打ち出せず国中を抜き差しならない状況に追い込んだ政府の責任は重い。

後継総裁選びと間近に迫る衆議院選挙のため、政府はほとんど機能せずコロナ禍収束はまた遠のくかもしれないが、今度こそは派閥力学による国民不在の総裁選びを改め、国を任せられる真のリーダーを選出してほしいものだ。さもなければ日本が掲げた気候変動対策「カーボンニュートラル2050」も高い数値目標だけに終わり、世界の笑いものにされてしまうのではないかと筆者は危惧する。

さて、まえがきでも紹介したが本書執筆中の４月にホンダが「内燃機関をやめて2040年までに EV、FCV 化」を宣言した。70年代、米国マスキー法による排ガス規制で自動車メーカー各社が頭を抱えていた頃、希薄燃焼「CVCC エンジ

ン」を開発、当時は不可能とまでいわれた排ガス規制値をクリアし世界を驚かせたあのホンダが？　と今も信じられない。

　ホンダは時価総額５兆円（2020年央）でトヨタ23兆円と、今でこそ大差がついているが10年前頃まではトヨタと対等な競合関係にあり、とりわけ内燃エンジンについてはトヨタに勝るとも劣らない技術を誇る世界屈指の自動車メーカー。同社は1965年に初めてF1に参戦、翌年優勝し、リーマンショックで撤退するまでの40年間内燃エンジン性能の極限をきわめるF1レースで通算３回優勝している。（トヨタは2002年参戦したが、撤退する2009年まで一度も勝てなかった）。

　HV、FCV分野でも世界中のメーカーの中でトヨタと唯一競合してきたホンダがなぜ今いきなり内燃エンジンを見限ってEV、FCVへ全面転換なのか、いまだによく理解できない。地球温暖化防止を旗印に一気にEVへシフトする世界の自動車メーカーに対し、HVあるいはFCVでトヨタ、ホンダ日本連合を組んで立ち向かう選択肢はなかったのか非常に残念に思う。ホンダが内燃エンジンをやめてしまったら何も残らず、単なるOne of Themの自動車メーカーに成り下がってしまうような気がするので、方針転換してぜひもう一度内燃エンジンHVで戦いを仕掛けてほしい。

　HVのみならずEV、FCVも含め全方位で受けて立つトヨタは、今水素エンジンの量産に向けた検討も本格化させている。FCVミライで走行距離を稼ぐために開発した800気圧の超高圧水素タンクを多数搭載して走行距離が桁違いの大型バス、トラック向けにこの水素エンジンの量産化をもくろんでいるという話をきいたこともある。実は私は以前からこの水

素エンジンこそが次世代車の本命になるのではないかと考えている。

　もちろんFCVと違って空気と燃焼させるためNOx等微量の大気汚染物質が排出されるがこれは現行ガソリンエンジンで培った排ガス浄化システムで完全に除去できるので問題はないはずだ。

　何と言っても水素エンジン自動車の最大のメリットは現行の内燃エンジンがほぼそのまま使えるため、裾野の広い既存の自動車産業構造に影響を及ぼす心配はほとんどないということだ。すなわちトヨタが今まで通り世界一自動車メーカーであり続けることができるのだ。

もちろん他の日本のすべての内燃エンジン自動車メーカーもその恩恵を被ることができることはいうまでもない。

　トヨタが名実ともに世界一の自動車メーカーになり今も快進撃を続けているのは、就任以来10年以上にわたりアグレッシブな攻めの経営を貫いてきたモリゾウこと豊田章男社長の熱き想いの賜物であろう。

　最近は日本自動車工業会会長としてカーボンニュートラル政策のCO₂削減目標上積み（2030年までに2013年比26％から46％へ）の国への具体的道筋の提示要求、EV化一辺倒の電動化政策に対する警鐘等の提言、苦言も多くなっている。

　本書でも指摘しているが、EVはLCAの見地からはCO₂削減にならないこと、このままもしEV化が進行すれば550万人の自動車関連就労者の多くが職を失うことへの忠告などである。

　今年2021年9月9日の自工会記者会見で豊田章男会長は、

「カーボンニュートラルにおいて、**私たちの敵は『炭素』で あり、『内燃機関』ではありません**」

と発言している。CO_2 削減のために EV で内燃機関を駆逐 しようとたくらむ勢力に真っ向から正攻法で立ち向かおうと している日本のトヨタの姿勢を如実に表している。

本書のタイトル「迎え撃つトヨタ」はまさにここからきて いるのだ。

そのトヨタが今静岡県裾野に未来都市「ウーブンシティ」 を築いて、未来のあるべき生活空間を創造する大掛かりな実 験を始めようとしている。トヨタをモビリティカンパニーに フルモデルチェンジすると宣言したモリゾウの真骨頂ともい うべき取り組み。

ここでの一番大きな実験は水素をはじめとする次世代エネ ルギーの産出と実用化ではないか。

こんな時期だからこそこの新しい未来都市の取り組みが、 原子力に頼らない水素中心のクリーンエネルギーを生み、人 口光合成による CO_2 吸蔵促進で地球温暖化防止を推進し、 更に感染症パンデミック、貧困、人口減少を克服して開かれ た明るい先進国家日本構築の足掛りになるようにエールを送 りたい。

少々堅苦しい話になってしまったので蛇足ながら最後に CO_2 について少し柔らかいお話をひとつ。

本文中の「世界の CO_2 総排出量335億トン」とはいったい どれくらいの量なのかという話である。 地球上の人間が吐 き出す1年間の CO_2 総重量と比較して考えてみる。人間は

1日24時間でおよそ1kgのCO_2を吐き出すらしい。今地球上に72億人が住んでいるとして年間のCO_2排出量を計算すると72億人×1kg／日×365日で約26億トン／年となる。本書で紹介したように自動車のCO_2世界総排出量は38億トン／年だったので人間が吐き出すCO_2の量とさほど大きな差がないことになる。ちなみに地球上に住む人間以外の主な哺乳類動物、牛、豚、羊、馬等は人間とほぼ同数生息しているようなので地球上全哺乳類の合計CO_2排出量はおおよそ50億トン／年前後となり、自動車の出すCO_2をはるかに上回ることになる（ただしこの地球上生物の出すCO_2は光合成による生物的循環により収支0と考えられ、人間のエネルギー消費で発生する温暖化ガス335億トン／年の中には含まれていない）。

　自動車が出すCO_2を減らすために世界中がEV化のために今とてつもない大きな経営資源を投入して頑張っているが、その対象のCO_2排出量は人間が吐き出す量より少し多い程度と考えると、拍子抜けというか何だか虚しい努力のように思えてならない。

　CO_2を減らすためにはやはり本書で私が提言しているようにEV化という無益な回り道をするのではなく、もっと安く確実に早く削減目標に到達できるHV化を選択しパリ協定の最終期限2050年に間に合わせる。同時に並行して水素等の次世代新エネルギー技術の実用化研究に本腰を入れ多くの人、モノ、金を投入すべきだということを暗示しているのかもしれない。数億年かかって蓄積された動植物由来の石油、石炭消費が18世紀半ばの産業革命から200年足らずの短期間に一

気に膨らみ、その間に大量に発生したCO_2が温度上昇を引き起こし、地球を破滅に陥れるというのが地球温暖化問題である。しかし本文でも何度か述べたが、実は本当に怖いのは地球表面の僅かな温度上昇ではなく確実に迫り来る石化資源の枯渇、すなわちエネルギー資源問題であると筆者は考える。

2021年9月　奥田富佐二

著者プロフィール

奥田 富佐二（おくだ ふさじ）

昭和23年9月9日生まれ
岐阜県出身
昭和46年東京理科大学卒業
現在、株式会社イノーバス代表取締役

電動化戦争 迎え撃つトヨタ 世界気候変動とクルマ電動化の未来

2021年12月15日　初版第1刷発行

著　者　奥田 富佐二
発行者　瓜谷 綱延
発行所　株式会社文芸社
　　　　〒160-0022　東京都新宿区新宿1-10-1
　　　　　　　　　　電話 03-5369-3060（代表）
　　　　　　　　　　　　　03-5369-2299（販売）

印刷所　株式会社フクイン